国家建筑标准设计图集　18R417-2

（替代 03SR417-2）

装配式管道支吊架

（含抗震支吊架）

组织编制：中国建筑标准设计研究院

中国计划出版社

图书在版编目（CIP）数据

国家建筑标准设计图集. 装配式管道支吊架（含抗震支吊架）18R417-2：替代 03SR417-2/中国建筑标准设计研究院组织编制. —北京：中国计划出版社，2018.7
ISBN 978-7-5182-0914-9

Ⅰ.①国… Ⅱ.①中… Ⅲ.①建筑设计—中国—图集 ②房屋建筑设备—管道设备—建筑设计—中国—图集
Ⅳ.①TU206②TU81-64

中国版本图书馆 CIP 数据核字（2018）第 173068 号

郑重声明：本图集已授权"全国律师知识产权保护协作网"对著作权（包括专有出版权）在全国范围予以保护，盗版必究。
举报盗版电话：010-63906404
010-68318822

国 家 建 筑 标 准 设 计 图 集

装配式管道支吊架

（含抗震支吊架）

18R417-2

中国建筑标准设计研究院　组织编制

（邮政编码：100048　电话：010-68799100）

☆

中国计划出版社出版

（地址：北京市西城区木樨地北里甲 11 号国宏大厦 C 座 3 层）

北京强华印刷厂印刷

787mm×1092mm　1/16　10.875 印张　43.5 千字
2018 年 7 月第 1 版　2018 年 7 月第 1 次印刷

☆

ISBN 978-7-5182-0914-9

定价：92.00 元

《装配式管道支吊架（含抗震支吊架）》编审名单

编制组负责人： 衣健光　　张　兢

编制组成员： 王　荣　　俞春尧　　邵建涛　　陈　晨　　刘景辰　　蔡春辉　　杨志刚　　华　炜

审　查　组　长：顾泰昌

审　查　组　成　员： 王平山　　周　健　　耿耀明　　李伟兴　　王和慧　　何　焰　　杜伟国　　王建中
　　　　　　　　　　杨国荣

项目负责人： 张　兢

项目技术负责人： 顾泰昌　　黄　辉

国标图热线电话：010-68799100　　　发　行　电　话：010-68318822
查阅标准图集相关信息请登录国家建筑标准设计网站 http://www.chinabuilding.com.cn

装配式管道支吊架
（含抗震支吊架）

主编单位 华东建筑设计研究院有限公司 中国建筑标准设计研究院有限公司	统一编号 GJBT-1475
出版日期 二〇一八年七月一日	图集号 18R417-2

主编单位负责人

主编单位技术负责人

技术审定人

设计负责人

目 录

目录 ························· 1	单管单立柱双向抗震吊架 ············· 23
总说明 ······················· 5	单管单通丝杆双向抗震吊架 ··········· 24
装配式管道支吊架形式示意图 ········ 14	单管双立柱侧向抗震吊架 ············· 25
装配式抗震吊架	单管双通丝杆侧向抗震吊架 ··········· 26
抗震吊架示意图	单管双立柱纵向抗震吊架 ············· 27
单管双立柱抗震吊架示意图 ········ 15	单管双通丝杆纵向抗震吊架 ··········· 28
单管双通丝杆抗震吊架示意图 ······ 16	单管双立柱双向抗震吊架 ············· 29
双管双立柱抗震吊架示意图 ········ 17	单管双通丝杆双向抗震吊架 ··········· 30
双管双通丝杆抗震吊架示意图 ······ 18	**双管抗震吊架**
单管抗震吊架	双管双立柱侧向抗震吊架 ············· 31
单管单立柱侧向抗震吊架 ·········· 19	双管双通丝杆侧向抗震吊架 ··········· 32
单管单通丝杆侧向抗震吊架 ········ 20	双管双立柱纵向抗震吊架 ············· 33
单管单立柱纵向抗震吊架 ·········· 21	
单管单通丝杆纵向抗震吊架 ········ 22	

审核	杨国荣	校对	王荣	设计	衣健光	页	1

图集号 18R417-2

双管双通丝杆纵向抗震吊架·················34
双管双立柱双向抗震吊架·················35
双管双通丝杆双向抗震吊架·················36

装配式承重支吊架

单管承重支吊架
单管单通丝杆承重吊架·················37
单管单立柱承重吊架①·················38
单管单立柱承重吊架②·················39
单管双通丝杆承重吊架·················40
单管双立柱承重吊架·················41
单管单悬臂承重支架·················42

双管承重支吊架
双管双通丝杆承重吊架①·················43
双管双通丝杆承重吊架②·················44
双管双通丝杆承重吊架③·················45
双管单悬臂承重支架①·················46
双管单悬臂承重支架②·················47
双管双立柱承重吊架①-不保温·················48
双管双立柱承重吊架①-保温·················49
双管双立柱承重吊架②-不保温·················50
双管双立柱承重吊架②-保温·················51

三管承重支吊架
三管单通丝杆承重吊架①·················52
三管单通丝杆承重吊架②·················53
三管双通丝杆承重吊架①·················54
三管双通丝杆承重吊架②·················55
三管双通丝杆承重吊架③·················56
三管双通丝杆承重吊架④·················57
三管双通丝杆承重吊架⑤·················58
三管双立柱承重吊架①-不保温·················59
三管双立柱承重吊架①-保温·················60
三管双立柱承重吊架②-不保温·················61
三管双立柱承重吊架②-保温·················62
三管双立柱承重吊架③-不保温·················63
三管双立柱承重吊架③-保温·················64
三管双立柱承重吊架④-不保温·················65
三管双立柱承重吊架④-保温·················66
三管双立柱承重吊架⑤-不保温·················67
三管双立柱承重吊架⑤-保温·················68

四管承重支吊架
四管双通丝杆承重吊架①·················69
四管双通丝杆承重吊架②·················70
四管双通丝杆承重吊架③·················71
四管双通丝杆承重吊架④·················72

四管双立柱承重吊架①-不保温	73
四管双立柱承重吊架①-保温	74
四管双立柱承重吊架②-不保温	75
四管双立柱承重吊架②-保温	76
四管双立柱承重吊架③-不保温	77
四管双立柱承重吊架③-保温	78
四管双立柱承重吊架④-不保温	79
四管双立柱承重吊架④-保温	80

装配式滑动支吊架

单管滑动支吊架

单管双通丝杆滑动吊架①	81
单管双通丝杆滑动吊架②	82
单管双立柱滑动吊架①	83
单管双立柱滑动吊架②-不保温	84
单管双立柱滑动吊架②-保温	85
单管单悬臂滑动支架	86

双管滑动支吊架

双管双立柱滑动吊架①-不保温	87
双管双立柱滑动吊架①-保温	88
双管双立柱滑动吊架②-不保温	89
双管双立柱滑动吊架②-保温	90
双管双立柱滑动吊架③-不保温	91
双管双立柱滑动吊架③-保温	92

双管双立柱滑动吊架④-不保温	93
双管双立柱滑动吊架④-保温	94
双管单悬臂滑动支架	95

三管滑动吊架

三管双立柱滑动吊架①-不保温	96
三管双立柱滑动吊架①-保温	97
三管双立柱滑动吊架②-不保温	98
三管双立柱滑动吊架②-保温	99
三管双立柱滑动吊架③-不保温	100
三管双立柱滑动吊架③-保温	101
三管双立柱滑动吊架④-不保温	102
三管双立柱滑动吊架④-保温	103
三管双立柱滑动吊架⑤-不保温	104
三管双立柱滑动吊架⑤-保温	105
三管双立柱滑动吊架⑥-不保温	106
三管双立柱滑动吊架⑥-保温	107

装配式导向吊架

单管导向支吊架

单管单悬臂导向支架	108
单管双立柱导向吊架①	109
单管双立柱导向吊架②-不保温	110
单管双立柱导向吊架②-保温	111

目 录 | 图集号 18R417-2 | 页 3

双管导向吊架

双管双立柱导向吊架①-不保温 ·············· 112

双管双立柱导向吊架①-保温 ·············· 113

双管双立柱导向吊架②-不保温 ·············· 114

双管双立柱导向吊架②-保温 ·············· 115

三管导向吊架

三管双立柱导向吊架①-不保温 ·············· 116

三管双立柱导向吊架①-保温 ·············· 117

三管双立柱导向吊架②-不保温 ·············· 118

三管双立柱导向吊架②-保温 ·············· 119

三管双立柱导向吊架③-不保温 ·············· 120

三管双立柱导向吊架③-保温 ·············· 121

装配式防晃吊架

单管防晃吊架

单管单通丝杆防晃吊架 ·············· 122

单管单立柱防晃吊架 ·············· 123

单管双立柱防晃吊架 ·············· 124

双管防晃吊架

双管双立柱防晃吊架① ·············· 125

双管双立柱防晃吊架② ·············· 126

三管防晃吊架

三管双立柱防晃吊架① ·············· 127

三管双立柱防晃吊架② ·············· 128

常用单拼槽钢尺寸和力学特性表 ·············· 129

常用双拼槽钢尺寸和力学特性表 ·············· 131

常用构件示意图 ·············· 133

支吊架与主体结构连接节点示意图 ·············· 139

选型算例 ·············· 140

相关技术资料 ·············· 149

总说明

1 编制依据

1.1 住房城乡建设部建质函[2016]89号文"住房城乡建设部关于印发《2016年国家建筑标准设计编制工作计划》的通知"。

1.2 现行国家、行业标准规范

《工业金属管道工程施工规范》	GB 50235-2010
《工业金属管道工程施工质量验收规范》	GB 50184-2011
《建筑给水排水及采暖工程施工质量验收规范》	GB 50242
《通风与空调工程施工质量验收规范》	GB 50243-2016
《给水排水管道工程施工及验收规范》	GB 50268-2008
《建筑机电工程抗震设计规范》	GB 50981-2014
《建筑抗震设计规范》	GB 50011-2010（2016年版）
《钢结构设计规范》	GB 50017-2017
《冷弯薄壁型钢结构技术规范》	GB 50018
《混凝土结构后锚固技术规程》	JGJ 145-2013
《建筑机电设备抗震支吊架通用技术条件》	CJ/T 476-2015
《抗震支吊架安装及验收规程》	CECS 420：2015
《管道支吊架 第1部分：技术规范》	GB/T 17116.1-1997

当依据的标准规范进行修订或有新的标准规范出版实施时，本图集与现行工程建设标准不符的内容、限制或淘汰的技术或产品，视为无效。工程技术人员在参考使用时，应注意加以区分，并应对本图集相关内容进行复核后选用。

2 适用范围

本图集适用于一般工业与民用建筑室内管道的装配式支吊架（含抗震支吊架）的工程安装。当管沟、管廊内的管道介质和参数与本图集的使用条件一致时，可参考使用本图集的相关内容。

2.1 本图集所述室内管道均为钢管，其包括以下几种类型：

普通管道：空调冷热水管、给水管道（含生活给水与消防给水），管径≤DN300，温度≤65℃；

热力管道：供暖热水管道，管径≤DN300，温度≤150℃；

蒸汽管道：管径≤DN300，工作压力 ≤1.6MPa，温度≤250℃；

常用的医用气体和动力气体管道：管径≤DN150，工作压力≤1.6MPa。

2.2 本图集中的装配式抗震支吊架适用于抗震设防烈度为6～8度的地区。

2.3 本图集中锚栓算的假定条件为：

2.3.1 锚栓间距和边距均按照无间距效应和边缘效应情况考虑；

2.3.2 锚栓间距和边距分别按临界间距和临界边距考虑；

2.3.3 不考虑荷载条件下的劈裂破坏。

当实际情况不满足上述假定条件时，需图集选用者自行验算复核。

2.4 本图集不适用于室内管道固定支吊架。

3 编制内容

3.1 本图集包括总说明、装配式抗震吊架、装配式承重支吊架、装配式滑动支吊架、装配式导向吊架、装配式防晃吊架、常用槽钢力学特性表与构件示意图以及选型算例等部分。

3.2 本图集对原图集进行了以下几个方面的修编：

3.2.1 增加了装配式抗震吊架的图、表；

3.2.2 增加了装配式滑动支吊架的图、表；

3.2.3 增加了装配式导向吊架的图、表；

3.2.4 增加了装配式防晃吊架的图、表；

3.2.5 增加了选型算例；

3.2.6 修订、补充并完善了装配式承重支吊架的图、表；

3.2.7 修订并完善了常用构件示意图。

4 编制技术条件

4.1 支吊架计算间距

4.1.1 室内管道装配式承重支吊架计算间距，见表1。

表1 室内管道装配承重支吊架计算间距

公称直径DN	15	20	25	32	40	50	65	80	100	125	150	200	250	300
单管	2	2	2	2	3	3	3	3	3	6	6	6	6	6
双管/多管	2	2	2	2	3	3	3	3	3	3	3	3	3	3

4.1.2 装配式抗震吊架计算间距

依据现行国家标准《建筑机电工程抗震设计规范》GB 50981表8.2.3，本图集侧向抗震吊架最大间距为12m，纵向抗震吊架最大间距为24m。

4.2 满水管道重量计算

满水管道重量分保温管道与不保温管道两种情况计算。

4.2.1 管道自重

管道的理论重量按式(1)计算：

$$W = \frac{\pi \rho (D_0 - S) S}{1000} \quad (1)$$

式中： W — 管道的理论重量（kg/m）；
D_0 — 管道外径（mm）；
S — 管道壁厚（mm）；
ρ — 管道密度，取 $7.85 \times 10^3 kg/m^3$；
π — 圆周率，取3.14。

依据现行国家标准《无缝钢管尺寸、外形、重量及允许偏差》GB/T 17395，本图集管道采用动力工程常用的外径和管道壁厚。管道公称直径DN与管道各系列外径D_0对照表见表2。

4.2.2 不保温管道按装配式支吊架设计间距之间的管道自重、满管水重及两者之和10%的附加重量计算。

4.2.3 保温管道按装配式支吊架设计间距之间的管道自重、满管水重、保温层重量及三者之和10%的附加重量计算。保温层厚度δ约定如下：≤DN50时，δ=80mm；DN65~DN150时，δ=100mm；DN200~DN300时，δ=120mm。保温材料密度按250kg/m³计算。

表2 公称直径DN与管道外径D_0对照表

公称直径DN		15	20	25	32	40	50	65	80	100	125	150	200	250	300
外径 D_0	系列1	21	27	34	42	48	60	76	89	114	140	168	219	273	325
	系列2	20	25	32	38	51	57	77	95	121	133	—	—	—	—
	系列3	18	22	30	35	45	—	73	—	108	142	159	—	267	—

4.2.4 满水管道重量未计入装配式支吊架设计间距之间阀门和法兰重量，当管道段有阀门或法兰时，应核算该段管道重量，并采取加强措施。

4.2.5 本图集单位长度满水管道重量如表3所示。

表3 本图集所用满水管道重量表（kg/m）

公称直径 DN	15	20	25	32	40	50	65
壁厚（mm）	2.8	2.8	3.5	3.5	3.5	3.5	4.0
外径 D_0	21	27	34	38	45	57	76
不保温管道	1.67	2.34	3.70	4.30	5.43	7.55	12.30
保温管道	4.57	6.08	8.40	9.56	11.65	15.43	25.42
公称直径 DN	80	100	125	150	200	250	300
壁厚（mm）	4.0	4.0	4.0	4.5	6.0	7.0	8.0
外径 D_0	89	108	133	159	219	273	325
不保温管道	15.50	20.60	28.40	39.50	73.90	111.60	155.60
保温管道	30.84	39.29	51.36	66.96	119.30	168.30	223.00

总说明

5 结构设计方法及参数取值

5.1 基本原则

5.1.1 装配式支吊架构件及配件的安全等级同主体结构。本图集按安全等级二级考虑，构件重要性系数 $\gamma_0=1.0$。如有特别要求时，应根据相关国家标准或规范进行设计。

5.1.2 抗震设防烈度6度及6度以上地区的建筑机电工程均应进行抗震设计。除抗震设防烈度为6度地区的非甲类建筑以外，建筑机电工程均应进行地震作用计算。本图集编制按抗震设防烈度6~8度考虑。支吊架构件及配件的抗震设防分类标准同主体结构。

5.2 材料

5.2.1 钢材：本图集所选用的钢材牌号为Q235及Q345两种，其钢材质量标准应符合现行国家标准《碳素结构钢》GB/T 700和《低合金高强度结构钢》GB/T 1591的规定。

5.2.2 连接件钢材应具有不低于与被连接构件相同牌号的钢材性能指标。

5.2.3 螺栓：A级普通螺栓，采用5.6级或8.8级两种，其螺栓、螺母、垫圈的尺寸及技术条件应符合现行国家标准《六角头螺栓》GB/T 5782、《1型六角螺母》GB/T 6170和《标准型弹簧垫圈》GB/T 93或《平垫圈 C级》GB/T 95的规定。

5.2.4 机械锚栓：其主要受力部件应由碳素结构钢、优质碳素结构钢、合金结构钢或不锈钢制造，质量标准应符合现行行业标准《混凝土用机械锚栓》JG/T 160的规定。

5.3 设计准则

5.3.1 装配式支吊架构件及配件应按承载能力极限状态和正常使用极限状态设计。

5.3.2 承载能力极限状态设计应按荷载的基本组合或偶然组合计算荷载组合的效应设计值，并按式（2）进行设计：

非抗震时：$\gamma_0 S_d \leqslant R_d$ (2a)

抗震时：$S_d \leqslant \dfrac{R_d}{\gamma_{RE}}$ (2b)

式中： γ_0 — 构件重要性系数；
S_d — 荷载组合的效应设计值；
R_d — 构件抗力的设计值；
γ_{RE} — 构件及其连接的承载力抗震调整系数，一般情况取1.0。

5.3.3 正常使用极限状态设计应根据不同设计要求，采用荷载的标准组合、频遇组合或准永久组合，并按式（3）进行设计：

$$S_d \leqslant C \qquad (3)$$

式中： C — 构件达到正常使用要求的规定限值，应按各有关建筑结构设计规范的规定采用。

5.3.4 计算构件的强度、稳定性以及连接的强度时，应采用荷载设计值（荷载标准值乘以荷载分项系数）；计算疲劳及变形时应采用荷载标准值。

5.3.5 对于直接承受动力荷载的构件，在计算强度和稳定性时，动力荷载设计值应乘动力系数；在计算疲劳和变形时，不考虑动力系数。

5.3.6 支吊架构件及配件设计时，荷载的标准值、荷载分项系数、荷载组合值系数、动力荷载的动力系数等，应按现行国家标准《建筑结构荷载规范》GB 50009、《建筑抗震设计规范》GB 50011以及《建筑机电工程抗震设计规范》GB50981的规定采用。

5.3.7 构件变形容许值

受弯构件挠度限值：$L/200$；其中 L 为构件的计算跨度，计算悬臂构件的挠度限值时，其计算跨度 L 按实际悬臂长度的2倍取用。

5.3.8 构件长细比要求如下：

1) 构件长细比容许值，见表4。

	总说明	图集号	18R417-2
审核 周 健	校对 衣健光	设计 王 荣	页 7

表4 构件长细比容许值

构件类型	非抗震设计	抗震设计
受压构件 （含斜撑杆按压杆设计时）	$200\sqrt{\dfrac{235}{f_y}}$	$120\sqrt{\dfrac{235}{f_y}}$
受拉杆件	$350\sqrt{\dfrac{235}{f_y}}$	$100\sqrt{\dfrac{235}{f_y}}$
斜撑杆按拉杆设计时	$350\sqrt{\dfrac{235}{f_y}}$	$180\sqrt{\dfrac{235}{f_y}}$

注：f_y为钢材的屈服强度（或屈服点）。

2) 当装配式抗震吊架通丝杆或立柱长细比大于100或装配式抗震吊架斜撑杆长细比大于200时，应采取加固措施。

5.4 设计荷载

5.4.1 竖向荷载

设计装配式支吊架间距之间的满水管道重量等于表3中相应管重与支吊架间距的乘积，不足10kg的按10kg计算，并按10kg进位化整。设计值按标准值乘以荷载分项系数1.35。

其他材质的管道重量须依据前述标准独立核算。

5.4.2 水平荷载

1) 当非抗震设计时，按竖向荷载的0.1倍计算，超出该标准的须独立核算；

2) 抗震设计时，采用等效侧力法，水平地震作用标准值按式（4）计算：

$$F = \gamma \eta \xi_1 \xi_2 \alpha_{\max} G = \alpha_{Ek} G \tag{4}$$

式中： F — 沿最不利方向施加于机电设施重心处的水平地震作用标准值；

γ — 非结构构件功能系数，按现行国家标准《建筑机电工程抗震设计规范》GB 50981-2014第3.4.1条执行；

η — 非结构构件类别系数，按现行国家标准《建筑机电工程抗震设计规范》GB 50981-2014第3.4.1条执行；

ξ_1 — 状态系数；对支承点低于质心的任何设备和柔性体系宜取2.0，其余情况取1.0；

ξ_2 — 位置系数，建筑的顶点宜取2.0，底部宜取1.0，沿高度线性分布；

$\alpha_{\max}$ — 地震影响系数最大值；按现行国家标准《建筑机电工程抗震设计规范》GB 50981-2014第3.3.5条中多遇地震的规定采用；

G — 非结构构件的重力；

α_{Ek} — 水平地震力综合系数，当α_{Ek}<0.5时取0.5。

5.5 装配式支吊架各部件设计基本方法

5.5.1 立柱（通丝杆）计算

1) 按轴心受拉构件计算时，应按式（5）进行计算：

毛截面屈服：

$$\sigma = \frac{N_t}{A} \leqslant f \tag{5a}$$

净截面断裂：

$$\sigma = \frac{N_t}{A_n} \leqslant 0.7 f_u \tag{5b}$$

式中： σ — 构件的正应力设计值；

N_t — 所计算截面处的拉力设计值；

f — 钢材的抗拉、抗压和抗弯强度设计值；

A — 构件的毛截面面积；

A_n — 构件的净截面面积，当构件多个截面有孔时，取最不利的截面；

f_u —钢材的抗拉强度最小值。

2) 按拉弯构件计算时，弯矩为横梁传递给立柱的附加弯矩，应按式（6）进行强度计算：

$$\frac{N_t}{A_n} \pm \frac{M_x}{\gamma_x W_{nx}} \pm \frac{M_y}{\gamma_y W_{ny}} \leqslant f \quad (6a)$$

弯矩作用在两个主平面内的圆形截面拉弯构件，其截面强度应按下列规定计算：

$$\frac{N_t}{A_n} + \frac{\sqrt{M_x^2 + M_y^2}}{\gamma_m W_n} \leqslant f \quad (6b)$$

式中：N_t — 所计算构件范围内轴心拉力设计值；

M_x、M_y — 同一截面处绕ΣN_i轴和ΣH_i轴的弯矩设计值；

W_{nx}、W_{ny} — 对x轴和y轴的净截面模量。当截面板件宽厚比等级达到S1~S4级要求时，应取全截面模量；当截面板件宽厚比等级为S5级时，应取有效截面模量，均匀受压翼缘有效外伸宽度可取$15\varepsilon_k$，腹板有效截面可按现行国家标准《钢结构设计规范》GB 50017相关规定采用；

γ_x、γ_y — 截面塑性发展系数，当截面板件宽厚比等级为S4或S5时取1.0；当截面板件宽厚比等级为S1~S3时，可按现行国家标准《钢结构设计规范》GB 50017相关规定采用；

γ_m — 圆形构件的截面塑性发展系数，对于实腹圆形截面取1.2；当圆管截面板件宽厚比等级不满足S3级要求时取1.0，满足S3级要求时取1.15；

A_n — 构件的净截面面积；

W_n — 构件的净截面模量；

f — 钢材的抗拉、抗压和抗弯强度设计值。

5.5.2 横梁计算

1) 横梁按纯弯构件抗弯强度验算，按式（7）进行计算：

$$\frac{M_x}{\gamma_x W_{nx}} + \frac{M_y}{\gamma_y W_{ny}} \leqslant f \quad (7)$$

式中：γ_x、γ_y — 截面塑性发展系数，应按现行国家标准《钢结构设计规范》GB 50017相关规定取值；

f — 钢材的抗拉、抗压和抗弯强度设计值。

2) 横梁按压弯构件计算时，其中轴力为管道传递来的水平荷载，按式（7）进行强度计算。同时应按式（8）和式（9）验算其稳定性：

① 平面内稳定性：

$$\frac{N_c}{\phi_x A f} + \frac{\beta_{mx} M_x}{\gamma_x W_{1x}(1-0.8N/N'_{EX})f} \leqslant 1.0 \quad (8)$$

式中：N_c — 所计算构件范围内轴心压力设计值；

N'_{EX} — 参数，按式$N'_{EX} = \pi^2 EA/(1.1\lambda_x^2)$ 计算，λ_x是构件截面对x轴的长细比；

ϕ_x — 弯矩作用平面内轴心受压构件稳定系数；

M_x — 所计算构件段范围内的最大弯矩设计值；

W_{1x} — 在弯矩作用平面内对受压最大纤维的毛截面模量；

β_{mx} — 等效弯矩系数，应按现行国家标准《钢结构设计规范》GB 50017相关规定取值。

② 平面外稳定性：

$$\frac{N_c}{\phi_y A f} + \eta \frac{\beta_{tx} M_x}{\phi_b \gamma_x W_{1x} f} \leqslant 1.0 \quad (9)$$

式中： N_c — 所计算构件范围内轴心压力设计值；
ϕ_y — 弯矩作用平面外的轴心受压构件稳定系数，按现行国家标准《钢结构设计规范》GB 50017第7.2.1条确定；
W_{1x} — 考虑弯矩变化和荷载位置影响的受弯构件整体稳定系数，按现行国家标准《钢结构设计规范》GB 50017相关规定取值；
M_x — 所计算构件段范围内的最大弯矩设计值；
ϕ_b — 考虑弯矩变化和荷载位置影响的受弯构件整体稳定系数；
η — 截面影响系数，闭口截面=0.7，其他截面=1.0；
β_{tx} — 等效弯矩系数，应按现行国家标准《钢结构设计规范》GB 50017相关规定取值。

3) 横梁抗剪强度验算，按式（10）进行计算：

$$\tau = \frac{VS}{It_w} \leqslant f_v \tag{10}$$

式中： τ — 构件的剪应力设计值；
V — 计算截面沿腹板平面作用的剪力设计值；
S — 计算剪应力处以上（或以下）毛截面对中和轴的面积矩；
I — 构件的毛截面惯性矩；
t_w — 构件的腹板厚度；
f_v — 钢材的抗剪强度设计值。

4) 横梁整体稳定验算，按式（11）进行计算：

$$\frac{M_x}{\phi_b \gamma_x W_x f} \leqslant 1.0 \tag{11}$$

式中： M_x — 绕强轴作用的最大弯矩设计值；
W_x — 按受压纤维确定的梁毛截面模量；
γ_x — 截面塑性发展系数，按现行国家标准《钢结构设计规范》GB 50017相关规定采用；

ϕ_b — 梁的整体稳定性系数，按现行国家标准《钢结构设计规范》GB 50017相关规定确定；
f — 钢材的抗拉、抗压和抗弯强度设计值。

5.5.3 斜撑计算

斜杆按轴心受压构件计算，强度应按式（12）进行计算：

毛截面屈服：

$$\sigma = \frac{N_c}{A} \leqslant f \tag{12a}$$

净截面断裂：

$$\sigma = \frac{N_c}{A_n} \leqslant 0.7 f_u \tag{12b}$$

式中： σ — 构件的正应力设计值；
N_c — 所计算截面处的压力设计值；
f — 钢材的抗拉、抗压和抗弯强度设计值；
A — 构件的毛截面面积；
A_n — 构件的净截面面积，当构件多个截面有孔时，取最不利的截面；
f_u — 钢材的抗拉强度最小值。

同时应按式（13）验算其稳定性：

$$\sigma = \frac{N_c}{\phi \cdot A} \leqslant f \tag{13}$$

式中： N_c — 所计算截面处的压力设计值；
ϕ — 轴心受压构件稳定系数，应按现行国家标准《钢结构设计规范》GB 50017相关规定取值。

5.5.4 连接件计算

连接件按现行国家标准《钢结构设计规范》GB 50017相关要求进行设计和计算。

5.5.5 锚栓计算

锚栓按现行行业标准《混凝土结构后锚固技术规程》JGJ 145相关要求进行设计和计算。

6 装配式支吊架组成

6.1 装配式支吊架是由专业工厂成批量生产的、标准化的构件组成的体系。构件主要包括：生根构件、主体构件、管夹构件和连接构件等。

6.2 生根构件是指装配式支吊架与承载结构直接相连的构件，例如槽钢底座、通丝杆底座、锚栓等。

6.3 主体构件是指实现装配式支吊架功能的构件，例如：C型槽钢、通丝杆、抗震斜撑等。

6.4 管夹构件是指装配式支吊架与管道连接的构件。

6.5 连接构件是指主体构件之间相互连接的构件，例如槽钢连接件、抗震连接件等。

6.6 装配式通丝杆吊架的主要构件包括：锚栓、通丝杆接头（或通丝杆底座）、通丝杆、管夹等。

6.7 装配式立柱吊架的主要构件包括：锚栓、槽钢底座、槽钢立柱、槽钢横梁、槽钢连接件及管夹等。

6.8 抗震吊架的主要构件包括：锚栓、槽钢底座、槽钢立柱、槽钢横梁、槽钢管束连接件、槽钢斜撑、抗震槽钢连接件及管夹等。

7 装配式支吊架材料

7.1 C型槽钢材料及要求

7.1.1 本图集中所用C型槽钢为冷弯成型槽钢，常用截面尺寸（宽×高）为：41mm×21mm、41mm×25mm、41mm×31mm、41mm×41mm、41mm×52mm、41mm×62mm、41mm×72mm等，其长度为3000mm或6000mm的标准型材，钢材材质为Q235及以上，且满足现行国家标准《碳素结构钢》GB/T 700规定，壁厚不应小于2.0mm。槽钢背面有安装孔和辅助标距，以便于施工现场的安装。

7.1.2 图集中C型槽钢内缘应有齿牙，且齿牙深度不小于0.9mm，所有构件的安装依靠机械咬合实现，严禁任何以构件的摩擦作用来承受受力的安装方式。所有连接构件不允许使用跟槽钢锯齿模数不匹配的弹簧螺母、锁扣或止动螺母，以保证整个装配式支吊架系统的可靠连接。

7.1.3 C型槽钢宜带有轴向加筋肋设计，以加强截面刚度，确保安装时槽钢截面无变形。

7.1.4 槽钢表面应按相关国家标准的规定镀锌，并应出具相关报告；锌层及盐雾测试报告应满足不小于600h的盐雾测试要求。

7.2 连接构件及管夹构件材料及要求

7.2.1 装配式支吊架的连接构件及管夹构件材质不应低于与被连接构件相同牌号的钢材性能指标，且壁厚不小于4mm。

7.2.2 管夹扣垫要自带螺杆，且具有防松功能，便于现场快速安装，避免在现场切割安装螺杆。

7.2.3 金属管道的管夹内需配惰性橡胶内衬垫，以达到绝缘、防震、降噪的效果。金属管道与管夹接触处均应加天然橡胶含量达28%以上的绝缘垫，以满足防迷流要求，并应有防火测试报告。

7.2.4 连接构件可采用电镀锌、热浸镀锌、环氧喷涂、锌铬镀层方式处理。

7.3 锚栓材料及要求

7.3.1 本图集抗震吊架用锚栓为扩底型机械锚栓。锚栓应按照锚栓性能、基材、锚固连接的受力性质、抗震设防等要求选用。

7.3.2 锚栓产品应符合现行行业标准《混凝土用机械锚栓》JG/T 160中的有关规定。

7.3.3 扩底型机械锚栓的力学性能见表5。

7.3.4 锚栓应根据使用环境进行防腐处理。防腐工艺应满足国家标准的相关规定。

7.3.5 抗震吊架选用的锚栓应通过抗震测试，并提供相应的检测报告。

7.3.6 用于开裂混凝土的锚栓需提供开裂混凝土检测报告。

总说明

表5 扩底型机械锚栓的力学性能

锚栓类型	规格	有效锚固深度（mm）	拉力设计值（kN）	剪力设计值（kN）	最小基材厚度（mm）
扩底型机械锚栓	M10	60	4.7	11.4	120
	M12	72	6.7	16.1	144
	M16	96	11.7	28.2	192

注：
1. 表中力值是基于混凝土基材为C30开裂混凝土，单根锚栓的承载力，均未考虑锚栓边距和间距的影响，锚杆等级按8.8级计算。
2. 计算依据参考现行行业标准《混凝土结构后锚固技术规程》JGJ 145-2013。
3. 当有充分试验依据及可靠工程经验并经国家指定机构认证许可时，可不受其限制。
4. 锚栓不应布置在混凝土保护层中，有效锚固深度不应包括装饰层或抹灰层。

7.4 性能测试规定

7.4.1 抗震吊架测试应符合现行行业标准《建筑机电设备抗震支吊架通用技术条件》CJ/T 476-2015的规定。

7.4.2 锚栓性能测试应符合现行行业标准《混凝土用机械锚栓》JG/T 160的规定。

7.4.3 抗震连接构件性能测试应提供力学性能检测报告、防腐性能检测报告等。

7.4.4 管夹性能报告：应提供管夹力学性能测试报告等。

7.4.5 连接弹簧螺母锁扣等性能报告：应提供槽钢锁扣抗拉能力测试报告、槽钢锁扣抗滑移能力测试报告和槽钢锁扣疲劳荷载测试报告等。

8 安装要求

8.1 装配式支吊架的材质、规格和性能应符合设计文件要求以及相关的国家现行标准的规定。

8.2 装配式支吊架运抵现场后，应进行进场验收。供货方应提供出厂合格证、构件及组件检测报告。

8.3 装配式支吊架产品应储存在通风良好、干燥的库房内；构件应同型号、同规格的储存在货架上；C型槽钢储存时，应在地面上铺设防潮膜，防潮膜上垫置干燥木条（或木胶子、竹胶板等），不同型号的C型槽钢应分开叠放；未经拆封的C型槽钢之间应衬垫干燥木条；堆放高度按相关规程执行，并应有防倾覆措施和警示标识。

8.4 装配式支吊架安装前必须核对所安装的吊架构件的型号、规格、材料等是否符合设计文件的规定。

8.5 管道支吊架宜在其所支吊的管道安装前就位。

8.6 装配式支吊架安装前，施工单位应明确施工范围，安装人员应与其他专业协调区域内所有管道的安装，制定合理的安装顺序，让靠近承载结构的主要构件和管道应优先安装。

8.7 支吊架的管道支吊点和承载结构受力点应严格按设计文件定位。管道支吊点相对室内管道的定位偏差不应超过10mm；支吊架应固定在可靠的建筑结构上，不应影响结构安全。

8.8 除C型槽钢和通丝杆可现场切割外，其他所有产品的构件、型材等应在工厂内预制完成，现场装配。

8.9 C型槽钢和通丝杆现场切割时，应保证断面的垂直度；C型槽钢切割时开口面向下，切割中应避免变形；切割端毛刺应打磨平滑，并及时清除吸附的铁屑和粉末，擦拭干净，完全暴露的槽钢切口端部除会形成积水的都应装上槽钢端盖。

8.10 装配式支吊架整体安装间距应符合设计要求和国家现行有关标准的规定，其偏差不应大于0.2m。

8.11 抗震吊架的斜撑垂直安装角度应符合设计文件的要求，且不得小于30°；单管抗震吊架斜撑与吊架的距离不得超过100mm；抗震吊架斜撑安装不应偏离其中心线2.5°。

8.12 本图集中固定于混凝土结构的装配式支吊架，均采用扩底型机械锚栓。锚固区基材表面应坚实、平整，不应有起砂、起壳、蜂窝、麻面、油污等影响锚固承载力的缺陷；在锚固深度范围内混凝土强度等级应达到C30或以上；

锚栓钻孔应符合相关规范规程的规定；锚固操作应符合锚栓设计要求。

8.13 管夹尺寸应和管道外径或保温层外径相匹配，且应保证其与支吊架其他连接部件相连接的部位裸露在管道保温层之外，管夹与管道的连接应稳固。

8.14 装配式支吊架的管夹与不保温管道连接处应设置防振绝缘胶垫；不锈钢管与碳素钢支吊架接触处应采取防电化学腐蚀措施。

8.15 螺栓、螺母应按设计扭矩锁紧，防止松动。

8.16 装配式支吊架应具有调整管道垂直高度的措施，且应在承载条件下直接调节管道垂直高度。

8.17 两管或多管共用的装配式支吊架应采用管夹使管道侧向相对位置保持不变，热力管道应能沿轴向自由的滑动。

8.18 两管或多管共用的装配式支吊架不应用来支承热位移量或热位移方向不同的水平管道。

8.19 所有保温管道管夹应选用绝热衬垫，绝热衬垫的厚度不小于管道绝热层厚度，宽度应大于支吊架支承面宽度，衬垫应完整，与绝热材料之间应密实、无空隙；绝热衬垫应满足其承压能力，安装后不变形。

8.20 水平管道采用单通丝杆吊架时，应在管道起始点、阀门、弯头、三通部位及长度在15m内的直管段上设置防晃吊架。

8.21 安装期间，对支撑的管道应充分固定，以保持管道的稳定性，直到管道系统完全安装完毕。

8.22 装配式支吊架应只用于其预期的用途，不得用作临时悬挂或其他安装用途。

8.23 所有装配式支吊架完成调整后，应将所有可能松动的调节部件牢固地锁紧。除设计文件规定外，不宜采用破坏螺纹的方法锁定调节部件。

9 图集选用方法与注意事项

9.1 本图集无特殊标明的，均按满水钢管重量计算设计。满足本图集第5页"适用范围"的管道系统可直接选用。

9.2 本图集所有支吊架的选型和性能参数等仅适用于单幅支吊架，不作为唯一选型方案。凡不符合本图集选型方案的，均需进行复核计算。

9.3 本图集仅考虑支吊架本身的强度和变形，支吊架对梁、楼板、柱、钢架及墙体等结构强度的影响，必须由结构专业设计人员另行验算。

9.4 通丝杆或立柱长度、悬臂长度、总管重和吊架间距等可根据现场情况进行调整。当任一参数大于本图集中所列数据时，应重新校核计算。

9.5 当同一规格型号的槽钢横梁有单拼槽钢和双拼槽钢两种选择时，应优先选用力学性能优、节省材料的形式。

9.6 与管道直接接触的支吊架零部件，其材料应按管道设计温度选用。

9.7 本图集支吊架示意图中管夹形式仅为示意，应根据工程实际情况确定合适的管夹形式。

9.8 本图集中未注明单位的尺寸均以毫米（mm）计。

9.9 装配式抗震支吊架是以地震力为主要荷载的抗震支撑设施。

9.10 装配式承重支吊架是用以承受管道系统自重荷载的支吊架。

9.11 装配式滑动支吊架是用以约束管道在支吊点处垂直位移且允许管道在支撑平面内自由滑动的支吊架。

9.12 装配式导向吊架是用以引导管道沿预定方向位移并限制其他方向位移的吊架。

9.13 装配式防晃吊架是用以限制管道沿垂直于其轴线方向水平晃动的吊架。

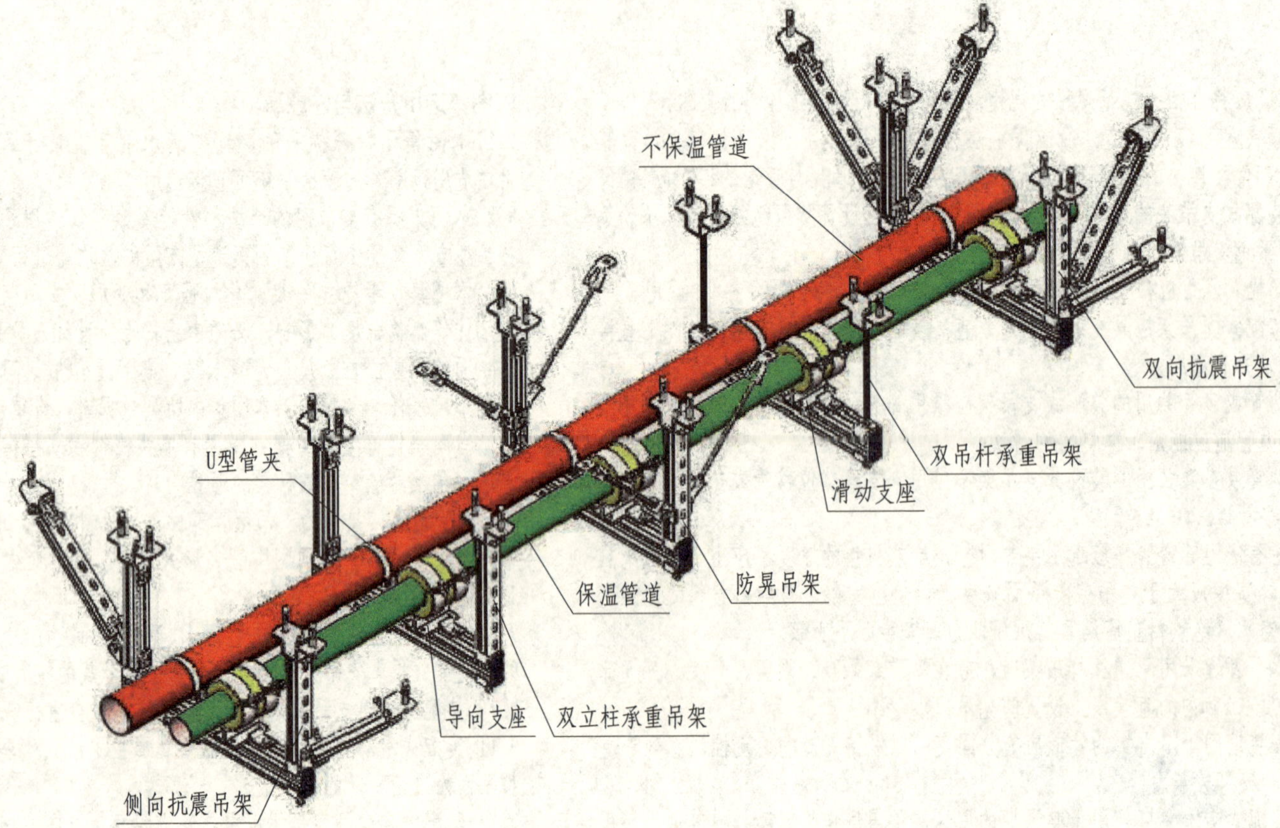

不保温管道
双向抗震吊架
双吊杆承重吊架
滑动支座
U型管夹
防晃吊架
保温管道
导向支座
双立柱承重吊架
侧向抗震吊架

注:

1. 本页图中展示的装配式管道吊架及构件等仅为示意图。
2. 实际工程中应依据现行国家标准、规范，设置装配式管道抗震吊架、承重支吊架、滑动支吊架、导向支吊架和防晃吊架等，管道支吊架的间距应按国家相关的现行施工验收规范确定。

装配式管道支吊架形式示意图							图集号	18R417-2
审核	杨国荣	杨国荣	校对	王 荣	王荣	设计 衣健光	衣健光	页 14

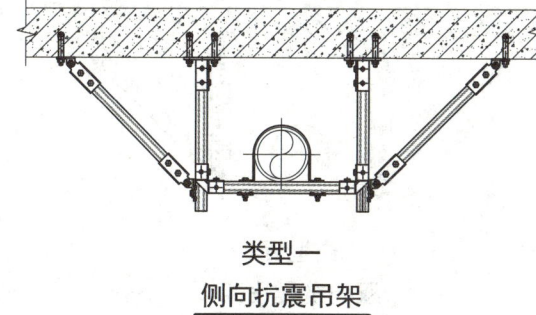

类型一
侧向抗震吊架

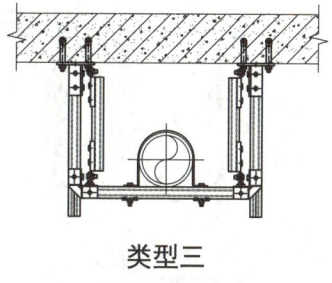

类型三
纵向抗震吊架

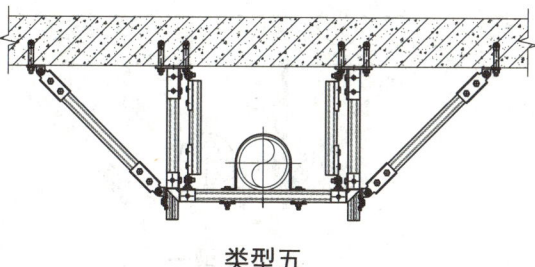

类型五
双向抗震吊架

类型二
侧向抗震吊架

类型四
纵向抗震吊架

类型六
双向抗震吊架

单管双立柱抗震吊架示意图							图集号	18R417-2
审核	周 健	周健	校对	王 荣	王荣	设计	俞春尧	俞春尧	页	15

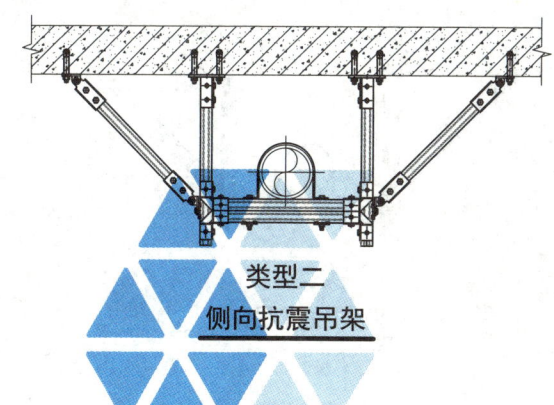

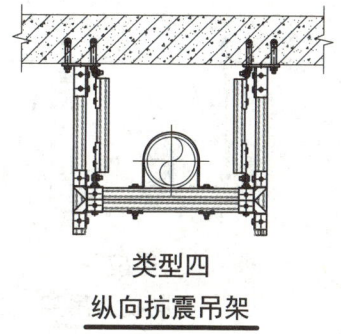

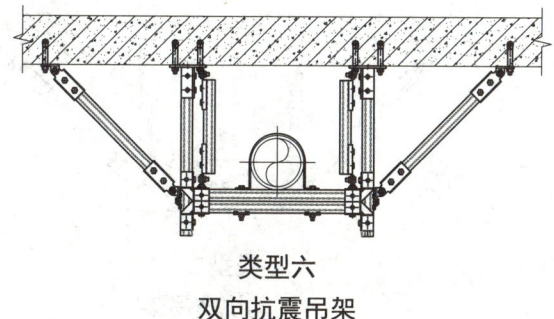

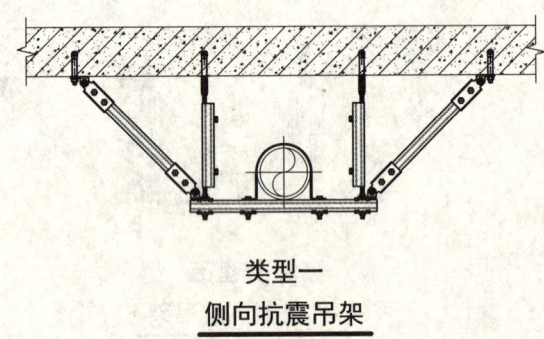

类型一
侧向抗震吊架

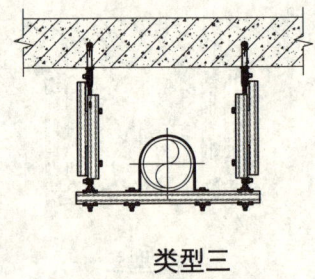

类型三
纵向抗震吊架

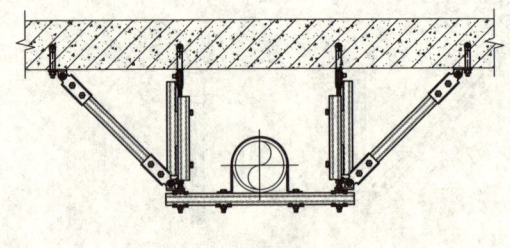

类型五
双向抗震吊架

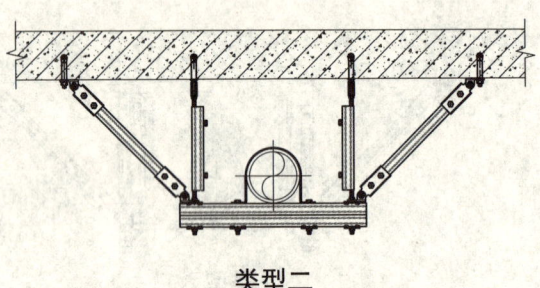

类型二
侧向抗震吊架

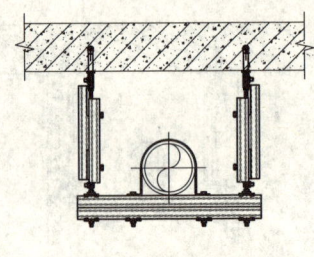

类型四
纵向抗震吊架

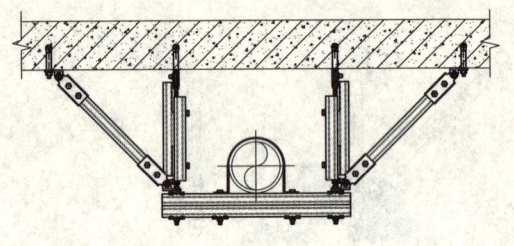

类型六
双向抗震吊架

单管双通丝杆抗震吊架示意图

图集号 18R417-2

页 16

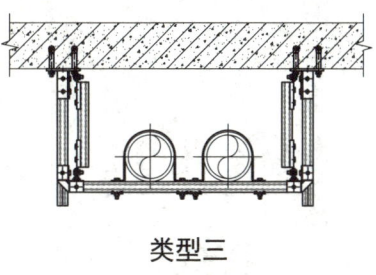

类型一
侧向抗震吊架

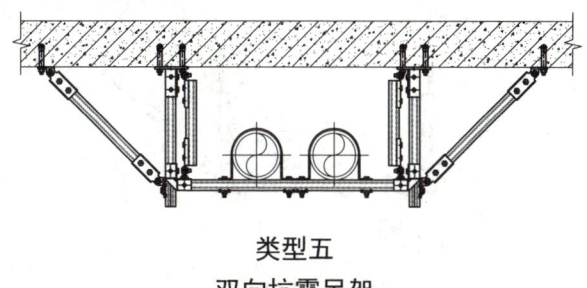

类型三
纵向抗震吊架

类型五
双向抗震吊架

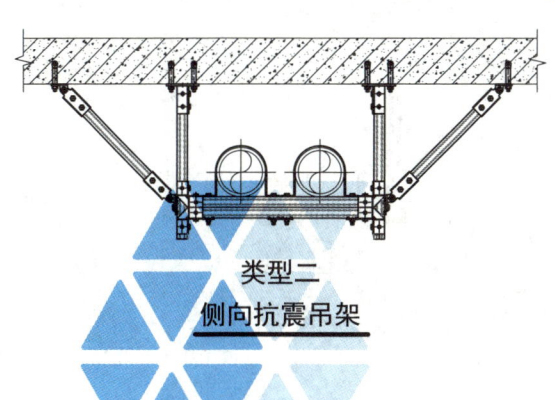

类型二
侧向抗震吊架

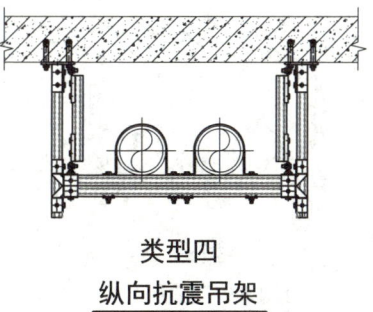

类型四
纵向抗震吊架

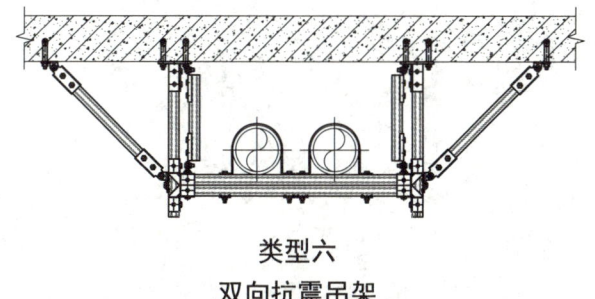

类型六
双向抗震吊架

双管双立柱抗震吊架示意图	图集号	18R417-2
审核 周健　校对 王荣　设计 俞春尧	页	17

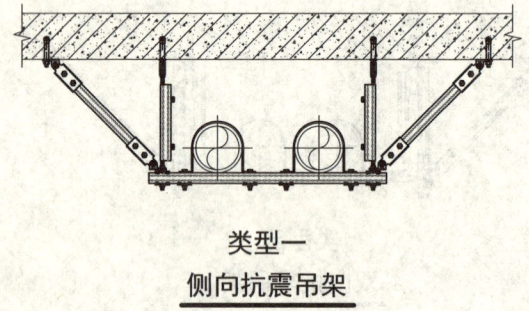

类型一

侧向抗震吊架

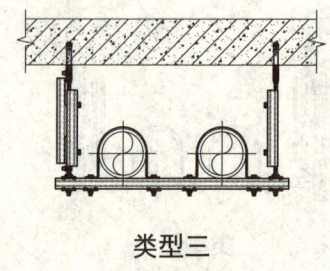

类型三

纵向抗震吊架

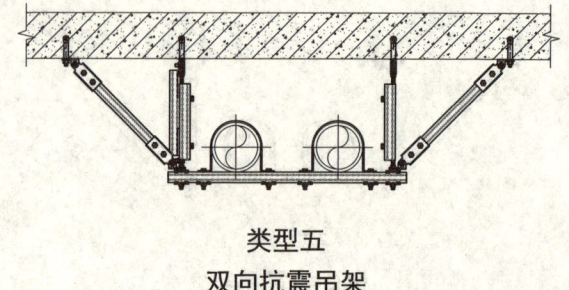

类型五

双向抗震吊架

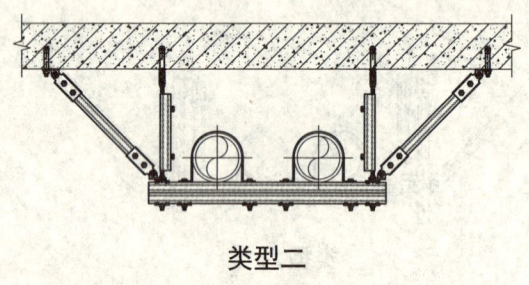

类型二

侧向抗震吊架

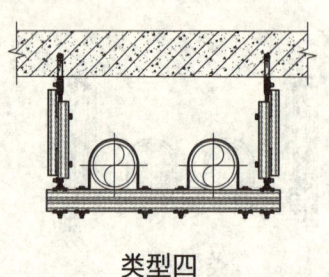

类型四

纵向抗震吊架

类型六

双向抗震吊架

双管双通丝杆抗震吊架示意图							图集号	18R417-2
审核	周健		校对	王荣		设计	俞春尧	页	18

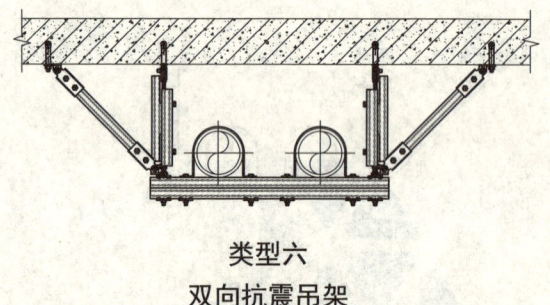

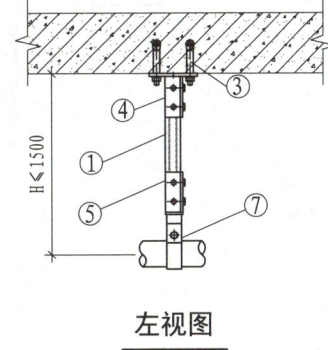

主视图 左视图

注：
1. 本图集抗震吊架不考虑承重。
2. 总管重指两个装配式抗震吊架间满水管重，由其间的装配式承重支吊架承担。
3. α=30°～45°。
4. 槽钢立柱①、槽钢斜撑②为C型槽钢。
5. 楼板厚度应满足扩底锚栓埋深要求。

材料明细表

序号	公称直径DN	吊架间距（m）	总管重（kg）	槽钢立柱① 规格型号	件数	槽钢斜撑② 规格型号	件数	扩底锚栓③ 规格型号	件数
1	25	12	50						
2	32	12	60						
3	40	12	70	41×41×2.0	1	41×41×2.0	1	M10	3
4	50	12	100						
5	65	12	150						
6	80	12	190						
7	100	12	250	41×41×2.0	1	41×41×2.0	1	M12	3
8	125	12	350						
9	150	12	480						

连接件性能参数表

序号	公称直径DN	槽钢底座④ 壁厚(mm)	设计拉力(kN)	设计压力(kN)	件数	槽钢管夹连接件⑤ 壁厚(mm)	设计拉力(kN)	设计压力(kN)	件数	抗震槽钢连接件⑥ 壁厚(mm)	设计拉力(kN)	设计压力(kN)	件数	管夹⑦ 壁厚(mm)	件数
1	25														
2	32	≥6.0	≤4.0	≤4.0	1	≥4.0	≤4.0	≤4.0	1	≥5.0	≤8.4	≤8.4	2	≥3.0	1
3	40														
4	50														
5	65	≥6.0	≤4.0	≤4.0	1	≥4.0	≤4.0	≤4.0	1	≥5.0	≤8.4	≤8.4	2	≥4.0	1
6	80	≥6.0	≤6.0	≤9.0	1	≥4.0	≤6.0	≤9.0	1	≥5.0	≤8.4	≤8.4	2	≥4.0	1
7	100														
8	125	≥6.0	≤6.0	≤9.0	1	≥4.0	≤6.0	≤9.0	1	≥5.0	≤8.4	≤8.4	2	≥5.0	1
9	150														

单管单立柱侧向抗震吊架

图集号 18R417-2
页 19

材料明细表

序号	公称直径 DN	吊架间距 (m)	总管重 (kg)	通丝杆① 规格型号	件数	加强槽钢② 规格型号	件数	槽钢斜撑③ 规格型号	件数	扩底锚栓④ 规格型号	件数	通丝杆接头⑤ 规格型号	件数
1	25	12	50										
2	32	12	60										
3	40	12	70	M10	1	41×41×2.0	1	41×41×2.0	1	M10	2	M10	1
4	50	12	100										
5	65	12	150										
6	80	12	190										
7	100	12	250	M12	1	41×41×2.0	1	41×41×2.0	1	M12	2	M12	1
8	125	12	350										
9	150	12	480										

连接件性能参数表

序号	公称直径 DN	抗震槽钢连接件⑥ 壁厚(mm)	设计拉力(kN)	设计压力(kN)	件数	管夹⑦ 壁厚(mm)	件数
1	25						
2	32	≥5.0	≤8.4	≤8.4	2	≥3.0	1
3	40						
4	50						
5	65						
6	80	≥5.0	≤8.4	≤8.4	2	≥4.0	1
7	100						
8	125	≥5.0	≤8.4	≤8.4	2	≥5.0	1
9	150						

注：
1. 本图集抗震吊架不考虑承重。
2. 总管重指两个装配式抗震吊架间满水管重，由其间的装配式承重支吊架承担。
3. α=30°~45°。
4. 加强槽钢②、槽钢斜撑③为C型槽钢。
5. 楼板厚度应满足扩底锚栓埋深要求。

单管单通丝杆侧向抗震吊架

图集号 18R417-2 页 20

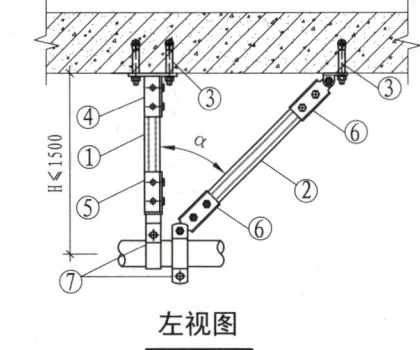

主视图　　左视图

材料明细表

序号	公称直径DN	吊架间距（m）	总管重（kg）	槽钢立柱① 规格型号	件数	槽钢斜撑② 规格型号	件数	扩底锚栓③ 规格型号	件数
1	25	24	90						
2	32	24	110						
3	40	24	140	41×41×2.0	1	41×41×2.0	2	M10	3
4	50	24	190						
5	65	24	300						
6	80	24	380						
7	100	24	500	41×41×2.0	1	41×41×2.0	2	M12	3
8	125	24	690						
9	150	24	950						

连接件性能参数表

序号	公称直径DN	槽钢底座④ 壁厚(mm)	设计拉力(kN)	设计压力(kN)	件数	槽钢管夹连接件⑤ 壁厚(mm)	设计拉力(kN)	设计压力(kN)	件数	抗震槽钢连接件⑥ 壁厚(mm)	设计拉力(kN)	设计压力(kN)	件数	管夹⑦ 壁厚(mm)	件数
1	25														
2	32														
3	40	≥6.0	≤4.0	≤4.0	1	≥4.0	≤4.0	≤4.0	1	≥5.0	≤8.4	≤8.4	2	≥3.0	2
4	50														
5	65	≥6.0	≤4.0	≤4.0	1	≥4.0	≤4.0	≤4.0	1	≥5.0	≤8.4	≤8.4	2	≥4.0	2
6	80	≥6.0	≤6.0	≤9.0	1	≥4.0	≤6.0	≤9.0	1	≥5.0	≤8.4	≤8.4	2	≥4.0	2
7	100														
8	125	≥6.0	≤6.0	≤9.0	1	≥4.0	≤6.0	≤9.0	1	≥5.0	≤8.4	≤8.4	2	≥5.0	2
9	150														

注：
1. 本图集抗震吊架不考虑承重。
2. 总管重指两个装配式抗震吊架间满水管重，由其间的装配承重支吊架承担。
3. α=30°~45°。
4. 槽钢立柱①、槽钢斜撑②为C型槽钢。
5. 楼板厚度应满足扩底锚栓埋深要求。

单管单立柱纵向抗震吊架

图集号 18R417-2

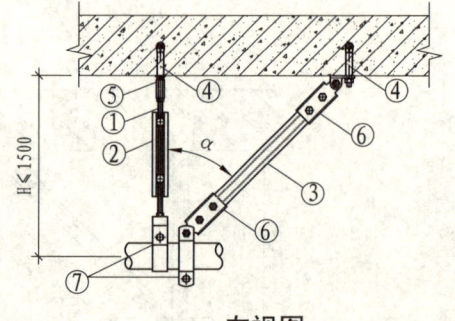

主视图   左视图

材料明细表

序号	公称直径 DN	吊架间距 (m)	总管重 (kg)	通丝杆① 规格型号	件数	加强槽钢② 规格型号	件数	槽钢斜撑③ 规格型号	件数	扩底锚栓④ 规格型号	件数	通丝杆接头⑤ 规格型号	件数
1	25	24	90	M10	1	41×41×2.0	1	41×41×2.0	2	M10	2	M10	1
2	32	24	110										
3	40	24	140										
4	50	24	190										
5	65	24	300										
6	80	24	380										
7	100	24	500	M12	1	41×41×2.0	1	41×41×2.0	2	M12	2	M12	1
8	125	24	690										
9	150	24	950										

连接件性能参数表

序号	公称直径 DN	抗震槽钢连接件⑥ 壁厚(mm)	设计拉力(kN)	设计压力(kN)	件数	管夹⑦ 壁厚(mm)	件数
1	25	≥5.0	≤8.4	≤8.4	2	≥3.0	2
2	32						
3	40						
4	50						
5	65	≥5.0	≤8.4	≤8.4	2	≥4.0	2
6	80						
7	100						
8	125	≥5.0	≤8.4	≤8.4	2	≥5.0	2
9	150						

注：
1. 本图集抗震吊架不考虑承重。
2. 总管重指两个装配式抗震吊架间满水管重，由其间的装配承重支吊架承担。
3. α=30°～45°。
4. 槽钢立柱②、槽钢斜撑③为C型槽钢。
5. 楼板厚度应满足扩底锚栓埋深要求。

单管单通丝杆纵向抗震吊架

图集号 18R417-2

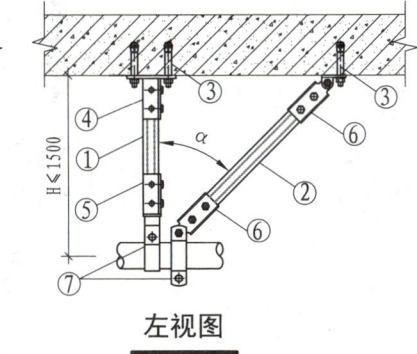

主视图　　左视图

材料明细表

序号	公称直径 DN	吊架间距 (m)	总管重 (kg)	槽钢立柱① 规格型号	件数	槽钢斜撑② 规格型号	件数	扩底锚栓③ 规格型号	件数
1	25	24	90						
2	32	24	110						
3	40	24	140	41×41×2.0	1	41×41×2.0	1	M10	4
4	50	24	190						
5	65	24	300						
6	80	24	380						
7	100	24	500	41×41×2.0	1	41×41×2.0	1	M12	4
8	125	24	690						
9	150	24	950						

连接件性能参数表

序号	公称直径 DN	槽钢底座④ 壁厚(mm)	设计拉力(kN)	设计压力(kN)	件数	槽钢管夹连接件⑤ 壁厚(mm)	设计拉力(kN)	设计压力(kN)	件数	抗震槽钢连接件⑥ 壁厚(mm)	设计拉力(kN)	设计压力(kN)	件数	管夹⑦ 壁厚(mm)	件数
1	25														
2	32														
3	40	≥6.0	≤4.0	≤4.0	1	≥4.0	≤4.0	≤4.0	1	≥5.0	≤8.4	≤8.4	4	≥3.0	2
4	50														
5	65	≥6.0	≤4.0	≤4.0	1	≥4.0	≤4.0	≤4.0	1	≥5.0	≤8.4	≤8.4	4	≥4.0	2
6	80	≥6.0	≤6.0	≤9.0	1	≥4.0	≤6.0	≤9.0	1	≥5.0	≤8.4	≤8.4	4	≥4.0	2
7	100														
8	125	≥6.0	≤6.0	≤9.0	1	≥4.0	≤6.0	≤9.0	1	≥5.0	≤8.4	≤8.4	4	≥5.0	2
9	150														

注:
1. 本图集抗震吊架不考虑承重。
2. 总管重指两个装配式抗震吊架间满水管重，由其间的装配式承重支吊架承担。
3. α=30°～45°。
4. 槽钢立柱①、槽钢斜撑②为C型槽钢。
5. 楼板厚度应满足扩底锚栓埋深要求。

单管单立柱双向抗震吊架

图集号 18R417-2　页 23

主视图

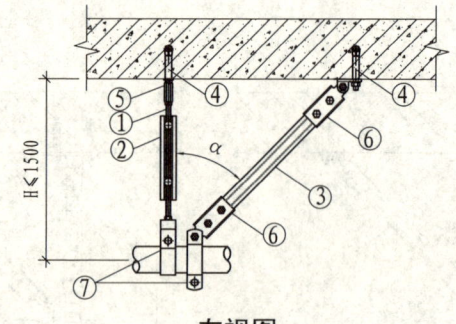

左视图

材料明细表

序号	公称直径 DN	吊架间距 (m)	总管重 (kg)	通丝杆① 规格型号	件数	加强槽钢② 规格型号	件数	槽钢斜撑③ 规格型号	件数	扩底锚栓④ 规格型号	件数	通丝杆接头⑤ 规格型号	件数
1	25	24	90	M10	1	41×41×2.0	1	41×41×2.0	2	M10	3	M10	1
2	32	24	110										
3	40	24	140										
4	50	24	190										
5	65	24	300										
6	80	24	380										
7	100	24	500	M12	1	41×41×2.0	1	41×41×2.0	2	M12	3	M12	1
8	125	24	690										
9	150	24	950										

连接件性能参数表

序号	公称直径 DN	抗震槽钢连接件⑥ 壁厚 (mm)	设计拉力 (kN)	设计压力 (kN)	件数	管夹⑦ 壁厚 (mm)	件数
1	25	≥5.0	≤8.4	≤8.4	4	≥3.0	2
2	32						
3	40						
4	50						
5	65	≥5.0	≤8.4	≤8.4	4	≥4.0	2
6	80						
7	100						
8	125	≥5.0	≤8.4	≤8.4	4	≥5.0	2
9	150						

注：
1. 本图集抗震吊架不考虑承重。
2. 总管重指两个装配式抗震吊架间满水管重，由其间的装配式承重支吊架承担。
3. α=30°～45°。
4. 加强槽钢②、槽钢斜撑③为C型槽钢。
5. 楼板厚度应满足扩底锚栓埋深要求。

单管单通丝杆双向抗震吊架

图集号 18R417-2
页 24

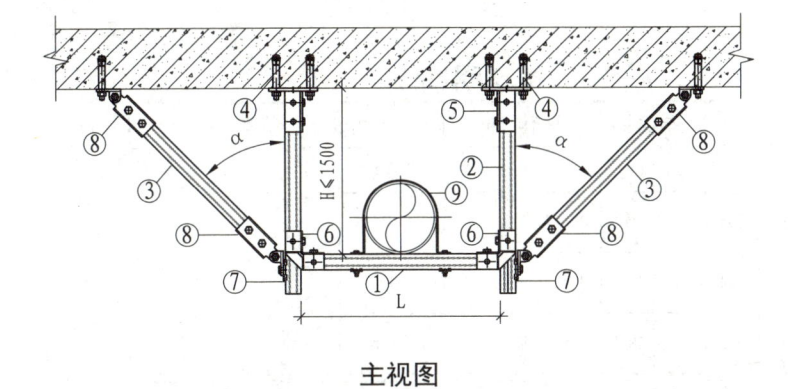

材料明细表

序号	公称直径DN	吊架间距(m)	总管重(kg)	槽钢横梁① 规格型号	件数	槽钢立柱② 规格型号	件数	槽钢斜撑③ 规格型号	件数	扩底锚栓④ 规格型号	件数
1	200	12	890	41×62×2.5	1	41×31×2.5 41×41×2.0	2	41×41×2.0	2	M12	4
2	250	12	1340								
3	300	12	1870	41×72×2.75 41×82×2.5		41×31×2.5 41×41×2.0	2	41×41×2.0	2	M12	4

尺寸表

序号	公称直径DN	L
1	200	400
2	250	450
3	300	500

连接件性能参数表

序号	公称直径DN	槽钢底座⑤ 壁厚(mm)	设计拉力(kN)	设计压力(kN)	件数	槽钢连接件⑥~⑦ 壁厚(mm)	设计拉力(kN)	设计压力(kN)	件数	抗震槽钢连接件⑧ 壁厚(mm)	设计拉力(kN)	设计压力(kN)	件数	管夹⑨ 壁厚(mm)	件数
1	200	≥6.0	≤9.0	≤9.0	2	≥4.0	≤9.0	≤9.0	4	≥5.0	≤8.4	≤8.4	4	≥5.0	1
2	250														
3	300														

主视图

注:
1. 本图集抗震吊架不考虑承重。
2. 总管重指两个装配式抗震吊架间满水管重,由其间的装配式承重支吊架承担。
3. α=30°~45°。
4. 槽钢横梁①、槽钢立柱②、槽钢斜撑③为C型槽钢。
5. 槽钢横梁①需根据项目情况选用单拼槽钢或双拼槽钢,形式参考本图集第15页类型一或类型二。
6. 楼板厚度应满足扩底锚栓埋深要求。
7. 立柱底座的连接孔数应根据承载力计算确定。
8. 槽钢斜撑③处扩底锚栓根据现场情况核算确定。

单管双立柱侧向抗震吊架

图集号 18R417-2 页 25

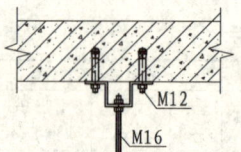

主视图

M16通丝杆安装节点

材料明细表

序号	公称直径DN	吊架间距（m）	总管重（kg）	槽钢横梁① 规格型号	件数	通丝杆② 规格型号	件数	加强槽钢③ 规格型号	件数
1	200	12	890	41×62×2.5	1	M12	2		
2	250	12	1340	41×62×2.5	1	M16	2	41×41×2.0	2
3	300	12	1870	41×72×2.75 41×82×2.5	1	M16	2		

序号	公称直径DN	吊架间距（m）	总管重（kg）	槽钢斜撑④ 规格型号	件数	扩底锚栓⑤ 规格型号	件数	通丝杆接头⑥ 规格型号	件数
1	200	12	890		2	M12	2		
2	250	12	1340	41×41×2.0	2	M12	4	M12	2
3	300	12	1870		2	M12	2		

注：
1. 本图集抗震吊架不考虑承重。
2. 总管重指两个装配式抗震吊架间满水管重，由其间的装配式承重支吊架承担。
3. α=30°～45°。
4. 槽钢横梁①、加强槽钢③、槽钢斜撑④为C型槽钢。
5. 槽钢横梁①需根据项目情况选用单拼槽钢或双拼槽钢，形式参考本图集第16页类型一或类型二。
6. 楼板厚度应满足扩底锚栓埋深要求。
7. 槽钢底座的连接孔数应根据承载力计算确定。
8. 槽钢斜撑④处扩底锚栓根据现场情况核算确定。

尺寸表

序号	公称直径DN	L
1	200	400
2	250	450
3	300	500

连接件性能参数表

序号	公称直径DN	抗震槽钢连接件⑦ 壁厚(mm)	设计拉力(kN)	设计压力(kN)	件数	管夹⑧ 壁厚(mm)	件数
1	200						
2	250	≥5.0	≤8.4	≤8.4	4	≥5.0	1
3	300						

单管双通丝杆侧向抗震吊架

图集号 18R417-2

页 26

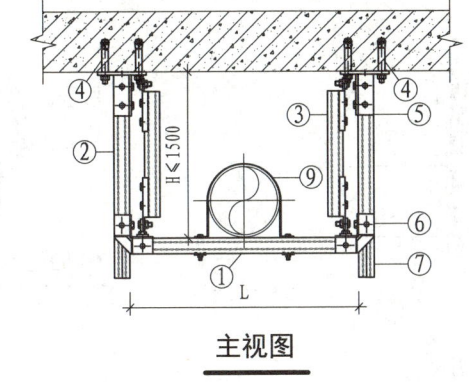

主视图

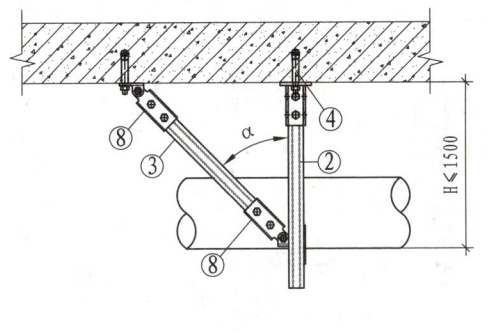

左视图

材料明细表

序号	公称直径DN	吊架间距（m）	总管重（kg）	槽钢横梁① 规格型号	件数	槽钢立柱② 规格型号	件数	槽钢斜撑③ 规格型号	件数	扩底锚栓④ 规格型号	件数
1	200	24	1780	41×62×2.5	1	41×31×2.5	2	41×41×2.0	2	M12	4
2	250	24	2680	41×62×2.5	1	41×41×2.0	2				
3	300	24	3740	41×72×2.75 41×82×2.5	1	41×31×2.5 41×41×2.0	2				

尺寸表

序号	公称直径DN	L
1	200	400
2	250	450
3	300	500

注：
1. 本图集抗震吊架不考虑承重。
2. 总管重指两个装配式抗震吊架间满水管重，由其间的装配式承重支吊架承担。
3. α=30°～45°。
4. 槽钢横梁①、槽钢立柱②、槽钢斜撑③为C型槽钢。
5. 槽钢横梁①需根据项目情况选用单拼槽钢或双拼槽钢，形式参考本图集第15页类型三或类型四。
6. 楼板厚度应满足扩底锚栓埋深要求。
7. 槽钢底座的连接孔数应根据承载力计算确定。
8. 槽钢斜撑③处扩底锚栓根据现场情况核算确定。

连接件性能参数表

序号	公称直径DN	槽钢底座⑤ 壁厚(mm)	设计拉力(kN)	设计压力(kN)	件数	槽钢连接件⑥~⑦ 壁厚(mm)	设计拉力(kN)	设计压力(kN)	件数	抗震槽钢连接件⑧ 壁厚(mm)	设计拉力(kN)	设计压力(kN)	件数	管夹⑨ 壁厚(mm)	件数
1	200	≥6.0	≤9.0	≤9.0	2	≥4.0	≤9.0	≤9.0	4	≥5.0	≤8.4	≤8.4	4	≥5.0	1
2	250														
3	300														

单管双立柱纵向抗震吊架

图集号 18R417-2

页 27

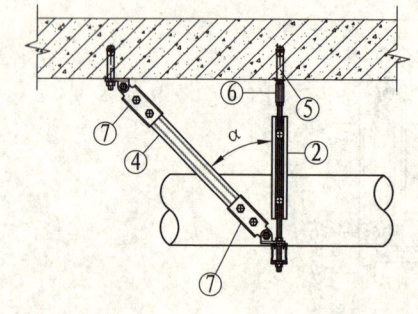

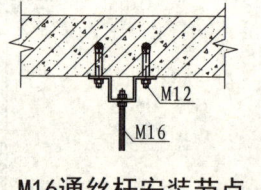

M16通丝杆安装节点

主视图　　　　左视图

材料明细表

序号	公称直径DN	吊架间距(m)	总管重(kg)	槽钢横梁① 规格型号	件数	通丝杆② 规格型号	件数	加强槽钢③ 规格型号	件数	槽钢斜撑④ 规格型号	件数	扩底锚栓⑤ 规格型号	件数	通丝杆接头⑥ 规格型号	件数
1	200	24	1780	41×62×2.5	1	M12	2	41×41×2.0	2	41×41×2.0	2	M12	2	M12	2
2	250	24	2680	41×62×2.5	1	M16	2	41×41×2.0	2	41×41×2.0	2	M16	2	M12	2
3	300	24	3740	41×72×2.75 41×82×2.5	1	M16	2	41×41×2.0	2	41×41×2.0	2	M12	4	-	-

注:
1. 本图集抗震吊架不考虑承重。
2. 总管重指两个装配式抗震吊架间满水管重,由其间的装配式承重支吊架承担。
3. α=30°～45°。
4. 槽钢横梁①、加强槽钢③、槽钢斜撑④为C型槽钢。
5. 槽钢横梁①需根据项目情况选用单拼槽钢或双拼槽钢,形式参考本图集第16页类型三或类型四。
6. 楼板厚度应满足扩底锚栓埋深要求。
7. 槽钢底座的连接孔数应根据承载力计算确定。
8. 槽钢斜撑④处扩底锚栓根据现场情况核算确定。

连接件性能参数表

序号	公称直径DN	抗震槽钢连接件⑦ 壁厚(mm)	设计拉力(kN)	设计压力(kN)	件数	管夹⑧ 壁厚(mm)	件数
1	200						
2	250	≥5.0	≤8.4	≤8.4	4	≥5.0	4
3	300						

尺寸表

序号	公称直径DN	L
1	200	400
2	250	450
3	300	500

单管双通丝杆纵向抗震吊架

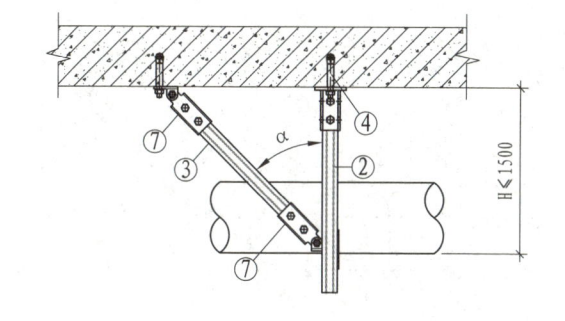

主视图   左视图

材料明细表

序号	公称直径DN	吊架间距(m)	总管重(kg)	槽钢横梁① 规格型号	件数	槽钢立柱② 规格型号	件数	槽钢斜撑③ 规格型号	件数	扩底锚栓④ 规格型号	件数
1	200	24	1780	41×62×2.5	1	41×31×2.5	2	41×41×2.0	4	M12	4
2	250	24	2680	41×62×2.5	1	41×41×2.0	2	41×41×2.0	4	M12	4
3	300	24	3740	41×72×2.75 41×82×2.5	1						

尺寸表

序号	公称直径DN	L
1	200	400
2	250	450
3	300	500

注：
1. 本图集抗震吊架不考虑承重。
2. 总管重指两个装配式抗震吊架间满水管重，由其间的装配式承重支吊架承担。
3. α=30°～45°。
4. 槽钢横梁①、槽钢立柱②、槽钢斜撑③为C型槽钢。
5. 槽钢横梁①需根据项目情况选用单拼槽钢或双拼槽钢，形式参考本图集第15页类型三或类型四。
6. 楼板厚度应满足扩底锚栓埋深要求。
7. 槽钢底座的连接孔数应根据承载力计算确定。
8. 槽钢斜撑③处扩底锚栓根据现场情况核算确定。

连接件性能参数表

序号	公称直径DN	槽钢底座⑤ 壁厚(mm)	设计拉力(kN)	设计压力(kN)	件数	槽钢连接件⑥ 壁厚(mm)	设计拉力(kN)	设计压力(kN)	件数	抗震槽钢连接件⑦ 壁厚(mm)	设计拉力(kN)	设计压力(kN)	件数	管夹⑧ 壁厚(mm)	件数
1	200														
2	250	≥6.0	≤9.0	≤9.0	2	≥4.0	≤9.0	≤9.0	4	≥5.0	≤8.4	≤8.4	8	≥5.0	1
3	300														

单管双立柱双向抗震吊架

图集号 18R417-2
页 29

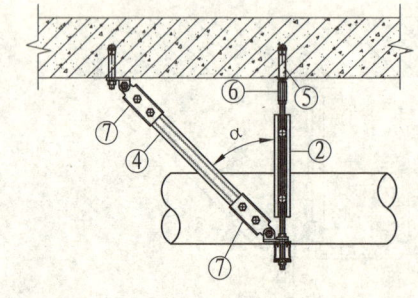

主视图　　　左视图

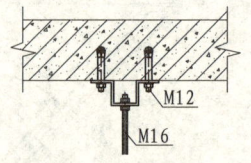

M16通丝杆安装节点

材料明细表

序号	公称直径DN	吊架间距(m)	总管重(kg)	槽钢横梁① 规格型号	件数	通丝杆② 规格型号	件数	加强槽钢③ 规格型号	件数	槽钢斜撑④ 规格型号	件数	扩底锚栓⑤ 规格型号	件数	通丝杆接头⑥ 规格型号	件数
1	200	24	1780	41×62×2.5	1	M12	2	41×41×2.0	2	41×41×2.0	4	M12	2	M12	2
2	250	24	2680	41×62×2.5	1	M16	2	41×41×2.0	2	41×41×2.0	4	M12	4	-	
3	300	24	3740	41×72×2.75 41×82×2.5	1	M16	2	41×41×2.0	2	41×41×2.0	4	M12	4	-	

注：
1. 本图集抗震吊架不考虑承重。
2. 总管重指两个装配式抗震吊架间满水管重，由其间的装配式承重支吊架承担。
3. α=30°～45°。
4. 槽钢横梁①、加强槽钢③、槽钢斜撑④为C型槽钢。
5. 槽钢横梁①需根据项目情况选用单拼槽钢或双拼槽钢，形式参考本图集第16页类型五或类型六。
6. 楼板厚度应满足扩底锚栓埋深要求。
7. 立柱底座的连接孔数应根据承载力计算确定。
8. 槽钢斜撑④处扩底锚栓根据现场情况核算确定。

连接件性能参数表

序号	公称直径DN	抗震槽钢连接件⑦ 壁厚(mm)	设计拉力(kN)	设计压力(kN)	件数	管夹⑧ 壁厚(mm)	件数
1	200						
2	250	≥5.0	≤8.4	≤8.4	8	≥5.0	1
3	300						

尺寸表

序号	公称直径DN	L
1	200	400
2	250	450
3	300	500

单管双通丝杆双向抗震吊架

图集号 18R417-2

主视图

尺寸表

序号	公称直径DN	L	L₁
1	65	215	190
2	80	230	190
3	100	250	200
4	125	275	220
5	150	300	230
6	200	350	250

材料明细表

序号	公称直径DN	吊架间距(m)	总管重(kg)	槽钢横梁① 规格型号	槽钢横梁① 件数	槽钢立柱② 规格型号	槽钢立柱② 件数	槽钢斜撑③ 规格型号	槽钢斜撑③ 件数	扩底锚栓④ 规格型号	扩底锚栓④ 件数
1	65	12	150	41×41×2.0	1	41×41×2.0	2	41×41×2.0	2	M12	4
2	80	12	190								
3	100	12	250								
4	125	12	350	41×52×2.5	1	41×41×2.0	2	41×41×2.0	2	M12	4
5	150	12	480								
6	200	12	890	41×62×2.5	1	41×41×2.0	2	41×41×2.0	2	M12	4

注：
1. 本图集抗震吊架不考虑承重。
2. 总管重指两个装配式抗震吊架间满水管重，由其间的装配式承重支吊架承担。
3. α=30°～45°。
4. 槽钢横梁①、槽钢立柱②、槽钢斜撑③为C型槽钢。
5. 槽钢横梁①需根据项目情况选用单拼槽钢或双拼槽钢，形式参考本图集第17页类型一或类型二。
6. 楼板厚度应满足扩底锚栓埋深要求。
7. 槽钢底座的连接孔数应根据承载力计算确定。
8. 槽钢斜撑③处扩底锚栓根据现场情况核算确定。

连接件性能参数表

序号	公称直径DN	槽钢底座⑤ 壁厚(mm)	槽钢底座⑤ 设计拉力(kN)	槽钢底座⑤ 设计压力(kN)	槽钢底座⑤ 件数	槽钢连接件⑥ 壁厚(mm)	槽钢连接件⑥ 设计拉力(kN)	槽钢连接件⑥ 设计压力(kN)	槽钢连接件⑥ 件数	抗震槽钢连接件⑦ 壁厚(mm)	抗震槽钢连接件⑦ 设计拉力(kN)	抗震槽钢连接件⑦ 设计压力(kN)	抗震槽钢连接件⑦ 件数	管夹⑧ 壁厚(mm)	管夹⑧ 件数
1	65	≥6.0	≤4.0	≤4.0	2	≥4.0	≤4.0	≤4.0	4	≥5.0	≤8.4	≤8.4	4	≥4.0	2
2	80	≥6.0	≤9.0	≤9.0	2	≥4.0	≤9.0	≤9.0	4	≥5.0	≤8.4	≤8.4	4		
3	100														
4	125	≥6.0	≤9.0	≤9.0	2	≥4.0	≤9.0	≤9.0	4	≥5.0	≤8.4	≤8.4	4	≥5.0	2
5	150														
6	200														

双管双立柱侧向抗震吊架

图集号 18R417-2 页 31

尺寸表

序号	公称直径DN	L	L₁
1	65	215	190
2	80	230	190
3	100	250	200
4	125	275	220
5	150	300	230

主视图

连接件性能参数表

序号	公称直径DN	抗震槽钢连接件⑦ 壁厚(mm)	抗震槽钢连接件⑦ 设计拉力(kN)	抗震槽钢连接件⑦ 设计压力(kN)	件数	管夹⑧ 壁厚(mm)	管夹⑧ 件数
1	65	≥5.0	≤8.4	≤8.4	4	≥4.0	2
2	80						
3	100						
4	125	≥5.0	≤8.4	≤8.4	4	≥5.0	2
5	150						

材料明细表

序号	公称直径DN	吊架间距(m)	总管重(kg)	槽钢横梁① 规格型号	槽钢横梁① 件数	通丝杆② 规格型号	通丝杆② 件数	加强槽钢③ 规格型号	加强槽钢③ 件数
1	65	12	150	41×41×2.0	1	M12	2	41×41×2.0	2
2	80	12	190						
3	100	12	250						
4	125	12	350	41×52×2.5	1				
5	150	12	480	41×62×2.0					

序号	公称直径DN	吊架间距(m)	总管重(kg)	槽钢斜撑④ 规格型号	槽钢斜撑④ 件数	扩底锚栓⑤ 规格型号	扩底锚栓⑤ 件数	通丝杆接头⑥ 规格型号	通丝杆接头⑥ 件数
1	65	12	150	41×41×2.0	2	M12		M12	2
2	80	12	190						
3	100	12	250						
4	125	12	350						
5	150	12	480						

注：
1. 本图集抗震吊架不考虑承重。
2. 总管重指两个装配式抗震吊架间满水管重，由其间的装配式承重支吊架承担。
3. α=30°～45°。
4. 槽钢横梁①、加强槽钢③、槽钢斜撑④为C型槽钢。
5. 槽钢横梁①需根据项目情况选用单拼槽钢或双拼槽钢，形式参考本图集第18页类型一或类型二。
6. 楼板厚度应满足扩底锚栓埋深要求。
7. 槽钢底座的连接孔数应根据承载力计算确定。
8. 槽钢斜撑④处扩底锚栓根据现场情况核算确定。

双管双通丝杆侧向抗震吊架

图集号 18R417-2

页 32

主视图 **左视图**

连接件性能参数表

序号	公称直径DN	槽钢底座⑤				槽钢连接件⑥				抗震槽钢连接件⑦				管夹⑧	
		壁厚(mm)	设计拉力(kN)	设计压力(kN)	件数	壁厚(mm)	设计拉力(kN)	设计压力(kN)	件数	壁厚(mm)	设计拉力(kN)	设计压力(kN)	件数	壁厚(mm)	件数
1	65	≥6.0	≤4.0	≤4.0	2	≥4.0	≤4.0	≤4.0	2	≥5.0	≤8.4	≤8.4	4	≥4.0	2
2	80	≥6.0	≤9.0	≤9.0	2	≥4.0	≤9.0	≤9.0	4	≥5.0	≤8.4	≤8.4	4	≥4.0	2
3	100														
4	125	≥6.0	≤9.0	≤9.0	2	≥4.0	≤9.0	≤9.0	4	≥5.0	≤8.4	≤8.4	4	≥5.0	2
5	150														
6	200														

注:
1. 本图集抗震吊架不考虑承重。
2. 总管重指两个装配式抗震吊架间满水管重,由其间的装配式承重支吊架承担。
3. α=30°~45°。
4. 槽钢横梁①、槽钢立柱②、槽钢斜撑③为C型槽钢。
5. 槽钢横梁①需根据项目情况选用单拼槽钢或双拼槽钢,形式参考本图集第17页类型三或类型四。
6. 楼板厚度应满足扩底锚栓埋深要求。
7. 槽钢底座的连接孔数应根据承载力计算确定。
8. 槽钢斜撑③处扩底锚栓根据现场情况核算确定。

材料明细表

序号	公称直径DN	吊架间距(m)	总管重(kg)	槽钢横梁①		槽钢立柱②	
				规格型号	件数	规格型号	件数
1	65	24	300				
2	80	24	380	41×41×2.0	1		
3	100	24	500				
4	125	24	690	41×52×2.5	1	41×41×2.0	2
5	150	24	950	41×62×2.0			
6	200	24	1780	41×72×2.75 / 41×82×2.0	1		

序号	公称直径DN	吊架间距(m)	总管重(kg)	槽钢斜撑③		扩底锚栓④	
				规格型号	件数	规格型号	件数
1	65	24	300				
2	80	24	380				
3	100	24	500				
4	125	24	690	41×41×2.0	2	M12	4
5	150	24	950				
6	200	24	1780				

尺寸表

序号	公称直径DN	L	L₁
1	65	215	190
2	80	230	190
3	100	250	200
4	125	275	220
5	150	300	230
6	200	350	250

双管双立柱纵向抗震吊架

图集号 18R417-2

页 33

主视图

左视图

材料明细表

序号	公称直径 DN	吊架间距 (m)	总管重 (kg)	槽钢横梁① 规格型号	件数	通丝杆② 规格型号	件数	加强槽钢③ 规格型号	件数
1	65	24	300	41×41×2.0	1	M12	2	41×41×2.0	2
2	80	24	380						
3	100	24	500						
4	125	24	690	41×52×2.5	1				
5	150	24	950	41×62×2.0					

序号	公称直径 DN	吊架间距 (m)	总管重 (kg)	槽钢斜撑④ 规格型号	件数	扩底锚栓⑤ 规格型号	件数	通丝杆接头⑥ 规格型号	件数
1	65	24	300	41×41×2.0	2	M12	2	M12	2
2	80	24	380						
3	100	24	500						
4	125	24	690						
5	150	24	950						

连接件性能参数表

序号	公称直径 DN	抗震槽钢连接件⑦ 壁厚(mm)	设计拉力(kN)	设计压力(kN)	件数	管夹⑧ 壁厚(mm)	件数
1	65	≥5.0	≤8.4	≤8.4	4	≥4.0	2
2	80						
3	100						
4	125	≥5.0	≤8.4	≤8.4	4	≥5.0	2
5	150						

尺寸表

序号	公称直径DN	L	L₁
1	65	215	190
2	80	230	190
3	100	250	200
4	125	275	220
5	150	300	230

注:
1. 本图集抗震吊架不考虑承重。
2. 总管重指两个装配式抗震吊架间满水管重，由其间的装配式承重支吊架承担。
3. α=30°～45°。
4. 槽钢横梁①、加强槽钢③、槽钢斜撑④为C型槽钢。
5. 槽钢横梁①需根据项目情况选用单拼槽钢或双拼槽钢，形式参考本图集第18页类型三或类型四。
6. 楼板厚度应满足扩底锚栓埋深要求。
7. 槽钢底座的连接孔数应根据承载力计算确定。
8. 槽钢斜撑④处扩底锚栓根据现场情况核算确定。

双管双通丝杆纵向抗震吊架

图集号 18R417-2
页 34

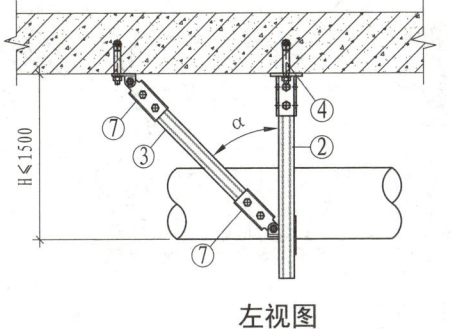

尺寸表

序号	公称直径DN	L	L₁
1	65	215	190
2	80	230	190
3	100	250	200
4	125	275	220
5	150	300	230
6	200	350	250

主视图 左视图

连接件性能参数表

序号	公称直径DN	槽钢底座⑤				槽钢连接件⑥				抗震槽钢连接件⑦				管夹⑧	
		壁厚(mm)	设计拉力(kN)	设计压力(kN)	件数	壁厚(mm)	设计拉力(kN)	设计压力(kN)	件数	壁厚(mm)	设计拉力(kN)	设计压力(kN)	件数	壁厚(mm)	件数
1	65	≥6.0	≤4.0	≤4.0	2	≥4.0	≤4.0	≤4.0	2	≥5.0	≤8.4	≤8.4	8	≥4.0	2
2	80	≥6.0	≤9.0	≤9.0	2	≥4.0	≤9.0	≤9.0	4	≥5.0	≤8.4	≤8.4	8		
3	100														
4	125	≥6.0	≤9.0	≤9.0	2	≥4.0	≤9.0	≤9.0	4	≥5.0	≤8.4	≤8.4	8	≥5.0	2
5	150														
6	200														

材料明细表

序号	公称直径DN	吊架间距(m)	总管重(kg)	槽钢横梁① 规格型号	件数	槽钢立柱② 规格型号	件数
1	65	24	300	41×41×2.0	1	41×41×2.0	2
2	80	24	380				
3	100	24	500				
4	125	24	690	41×62×2.5	1		
5	150	24	950				
6	200	24	1780	41×72×2.75 41×82×2.0	1		

序号	公称直径DN	吊架间距(m)	总管重(kg)	槽钢斜撑③ 规格型号	件数	扩底锚栓④ 规格型号	件数
1	65	24	300	41×41×2.0	4	M12	4
2	80	24	380				
3	100	24	500				
4	125	24	690				
5	150	24	950				
6	200	24	1780				

注：
1. 本图集抗震吊架不考虑承重。
2. 总管重指两个装配式抗震吊架间满水管重，由其间的装配式承重支吊架承担。
3. α=30°～45°。
4. 槽钢横梁①、槽钢立柱②、槽钢斜撑③为C型槽钢。
5. 槽钢横梁①需根据项目情况选用单拼槽钢或双拼槽钢，形式参考本图集第17页类型五或类型六。
6. 楼板厚度应满足扩底锚栓埋深要求。
7. 槽钢底座的连接孔数应根据承载力计算确定。
8. 槽钢斜撑③处扩底锚栓根据现场情况核算确定。

双管双立柱双向抗震吊架

图集号 18R417-2

页 35

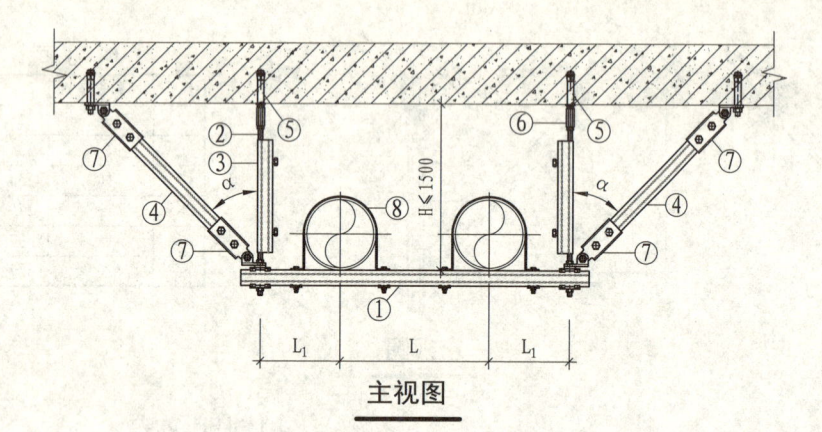

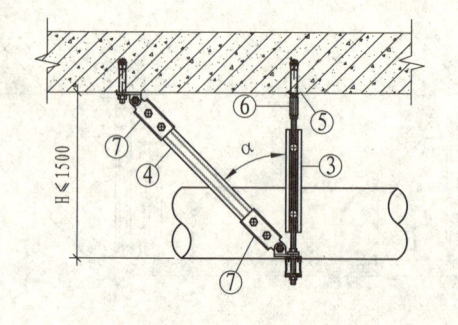

主视图 / 左视图

材料明细表

序号	公称直径DN	吊架间距(m)	总管重(kg)	槽钢横梁① 规格型号	件数	通丝杆② 规格型号	件数	加强槽钢③ 规格型号	件数
1	65	24	300						
2	80	24	380	41×41×2.0	1				
3	100	24	500			M12	2	41×41×2.0	2
4	125	24	690	41×52×2.5	1				
5	150	24	950	41×62×2.0					

序号	公称直径DN	吊架间距(m)	总管重(kg)	槽钢斜撑④ 规格型号	件数	扩底锚栓⑤ 规格型号	件数	通丝杆接头⑥ 规格型号	件数
1	65	24	300						
2	80	24	380						
3	100	24	500	41×41×2.0	4	M12	2	M12	2
4	125	24	690						
5	150	24	950						

连接件性能参数表

序号	公称直径DN	抗震槽钢连接件⑦ 壁厚(mm)	设计拉力(kN)	设计压力(kN)	件数	管夹⑧ 壁厚(mm)	件数
1	65	≥5.0	≤8.4	≤8.4	8	≥4.0	2
2	80						
3	100						
4	125	≥5.0	≤8.4	≤8.4	8	≥5.0	2
5	150						

尺寸表

序号	公称直径DN	L	L₁
1	65	215	190
2	80	230	190
3	100	250	200
4	125	275	220
5	150	300	230

注:
1. 本图集抗震吊架不考虑承重。
2. 总管重指两个装配式抗震吊架间满水管重,由其间的装配式承重支吊架承担。
3. α=30°~45°。
4. 槽钢横梁①、加强槽钢③、槽钢斜撑④为C型槽钢。
5. 槽钢横梁①需根据项目情况选用单拼槽钢或双拼槽钢,形式参考本图集第18页类型五或类型六。
6. 楼板厚度应满足扩底锚栓埋深要求。
7. 槽钢底座的连接孔数应根据承载力计算确定。
8. 槽钢斜撑④处扩底锚栓根据现场情况核算确定。

双管双通丝杆双向抗震吊架

图集号 18R417-2
页 36

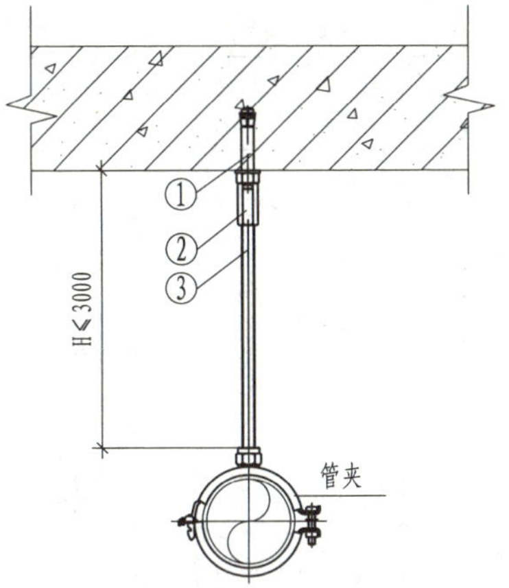

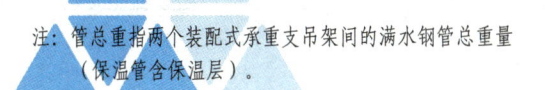

材料明细表

类型	序号	公称直径 DN	吊架间距 (m)	管总重 (kg)	扩底锚栓① 规格型号	扩底锚栓① 件数	通丝杆接头② 规格型号	通丝杆接头② 件数	通丝杆③ 规格型号	通丝杆③ 件数
不保温	1	15~25	2	10	M10	1	M10	1	M10	1
	2	32	2	20						
	3	40	3	30						
	4	50	3	40						
	5	65	3	50						
	6	80	3	70						
	7	100	3	90						
	8	125	6	230						
	9	150	6	320						
保温	10	15~20	2	20	M10	1	M10	1	M10	1
	11	25~32	2	30						
	12	40	3	50						
	13	50	3	70						
	14	65	3	110						
	15	80	3	130						
	16	100	3	160						

主视图

H≤3000

①
②
③

管夹

注：管总重指两个装配式承重支吊架间的满水钢管总重量（保温管含保温层）。

单管单通丝杆承重吊架

图集号 18R417-2

页 37

材料明细表

类型	序号	公称直径 DN	吊架间距 (m)	管总重 (kg)	扩底锚栓① 规格型号	扩底锚栓① 件数	槽钢立柱② 规格型号	槽钢立柱② 件数
不保温	1	15~25	2	10				
	2	32	2	20				
	3	40	3	30				
	4	50	3	40				
	5	65	3	50	M10	2	41×41×2.0	2
	6	80	3	70				
	7	100	3	90				
	8	125	6	230				
	9	150	6	320				
保温	10	15~20	2	20				
	11	25~32	2	30				
	12	40	3	50				
	13	50	3	70	M10	2	41×41×2.0	2
	14	65	3	110				
	15	80	3	130				
	16	100	3	160				

连接件性能参数表

类型	序号	公称直径 DN	槽钢底座③ 壁厚(mm)	槽钢底座③ 设计拉力(kN)	槽钢底座③ 设计压力(kN)	件数	槽钢连接件④ 壁厚(mm)	槽钢连接件④ 设计拉力(kN)	槽钢连接件④ 设计压力(kN)	件数
不保温	1	15~25								
	2	32								
	3	40								
	4	50								
	5	65	≥6.0	≤6.0	≤9.0	1	≥4.0	≤6.0	≤9.0	1
	6	80								
	7	100								
	8	125								
	9	150								
保温	10	15~20								
	11	25~32								
	12	40								
	13	50	≥6.0	≤6.0	≤9.0	1	≥4.0	≤6.0	≤9.0	1
	14	65								
	15	80								
	16	100								

主视图

左视图

管夹

H≤3000

注:
1. 管总重指两个装配式承重支吊架间的满水钢管总重量(保温管含保温层)。
2. 槽钢立柱②为C型槽钢。

单管单立柱承重吊架①

图集号 18R417-2

页 38

材料明细表

类型	序号	公称直径DN	吊架间距(m)	管总重(kg)	扩底锚栓① 规格型号	扩底锚栓① 件数	槽钢立柱② 规格型号	槽钢立柱② 件数
不保温	1	15～25	2	10	M10	2	41×41×2.0	1
不保温	2	32	2	20	M10	2	41×41×2.0	1
不保温	3	40	3	30	M10	2	41×41×2.0	1
不保温	4	50	3	40	M10	2	41×41×2.0	1
保温	5	15～20	2	20	M10	2	41×41×2.0	1
保温	6	25～32	2	30	M10	2	41×41×2.0	1
保温	7	40	3	50	M10	2	41×41×2.0	1
保温	8	50	3	70	M10	2	41×41×2.0	1

主视图

连接件性能参数表

类型	序号	公称直径DN	槽钢底座③ 壁厚(mm)	槽钢底座③ 设计拉力(kN)	槽钢底座③ 设计压力(kN)	槽钢底座③ 件数	槽钢连接件④ 壁厚(mm)	槽钢连接件④ 设计拉力(kN)	槽钢连接件④ 设计压力(kN)	槽钢连接件④ 件数
不保温	1	15～25	≥6.0	≤6.0	≤9.0	1	≥4.0	≤3.0	≤4.5	1
不保温	2	32	≥6.0	≤6.0	≤9.0	1	≥4.0	≤3.0	≤4.5	1
不保温	3	40	≥6.0	≤6.0	≤9.0	1	≥4.0	≤3.0	≤4.5	1
不保温	4	50	≥6.0	≤6.0	≤9.0	1	≥4.0	≤3.0	≤4.5	1
保温	5	15～20	≥6.0	≤6.0	≤9.0	1	≥4.0	≤3.0	≤4.5	1
保温	6	25～32	≥6.0	≤6.0	≤9.0	1	≥4.0	≤3.0	≤4.5	1
保温	7	40	≥6.0	≤6.0	≤9.0	1	≥4.0	≤3.0	≤4.5	1
保温	8	50	≥6.0	≤6.0	≤9.0	1	≥4.0	≤3.0	≤4.5	1

注:
1. 管总重指两个装配式承重支吊架间的满水钢管总重量(保温管含保温层)。
2. 槽钢立柱②为C型槽钢。

单管单立柱承重吊架②

图集号 18R417-2

材料明细表

类型	序号	公称直径 DN	吊架间距 (m)	管总重 (kg)	扩底锚栓① 规格型号	件数	通丝杆接头② 规格型号	件数	通丝杆③ 规格型号	件数	槽钢横梁④ 规格型号	件数
不保温	1	80	3	70	M10	2	M10	2	M10	2	41×41×2.0	1
	2	100	3	90								
	3	125	6	230								
	4	150	6	320								
	5	200	6	600	M10	2	M10	2	M10	2	41×52×2.5	1
	6	250	6	910	M12	2	M12	2	M12	2	41×62×2.5	1
保温	7	80	3	130	M10	2	M10	2	M10	2	41×41×2.0	1
	8	100	3	160								
	9	125	6	420	M10	2	M10	2	M10	2	41×52×2.5	1
	10	150	6	550	M10	2	M10	2	M10	2	41×62×2.5	1

主视图

尺寸表

序号	公称直径 DN	L 不保温	L 保温
1	80	280	480
2	100	300	500
3	125	330	530
4	150	350	550
5	200	400	-
6	250	450	-

注:
1. 管总重指两个装配式承重支吊架间的满水钢管总重量（保温管含保温层）。
2. 槽钢横梁④为C型槽钢。

单管双通丝杆承重吊架

图集号 18R417-2
页 40

材料明细表

类型	序号	公称直径 DN	吊架间距 (m)	管总重 (kg)	扩底锚栓① 规格型号	扩底锚栓① 件数	槽钢立柱② 规格型号	槽钢立柱② 件数	槽钢横梁③ 规格型号	槽钢横梁③ 件数
不保温	1	80	3	70	M10	4	41×41×2.0	2	41×41×2.0	1
	2	100	3	90	M10	4	41×41×2.0	2	41×41×2.0	1
	3	125	6	230						
	4	150	6	320						
	5	200	6	600	M10	4	41×41×2.0	2	41×62×2.5	1
	6	250	6	910						
保温	7	80	3	130	M10	4	41×41×2.0	2	41×41×2.0	1
	8	100	3	160						
	9	125	6	420	M10	4	41×41×2.0	2	41×52×2.5	1
	10	150	6	550	M10	4	41×41×2.0	2	41×62×2.5	1
	11	200	6	970	M10	4	41×41×2.0	2	41×104×2.5	1

尺寸表

序号	公称直径 DN	L 不保温	L 保温
1	80	280	480
2	100	300	500
3	125	330	530
4	150	350	550
5	200	400	640
6	250	450	—

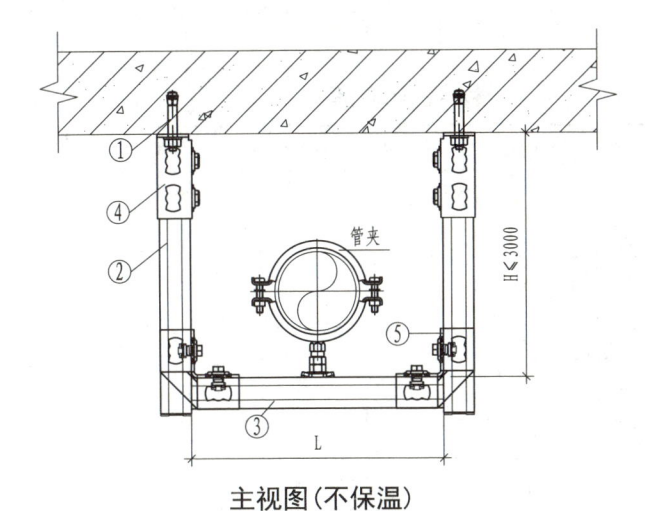

主视图（不保温）

主视图（保温）

H≤3000

连接件性能参数表

类型	序号	公称直径 DN	槽钢底座④ 壁厚(mm)	槽钢底座④ 设计拉力(kN)	槽钢底座④ 设计压力(kN)	槽钢底座④ 件数	槽钢连接件⑤ 壁厚(mm)	槽钢连接件⑤ 设计拉力(kN)	槽钢连接件⑤ 设计压力(kN)	槽钢连接件⑤ 件数
不保温	1	80	≥6.0	≤6.0	≤9.0	2	≥4.0	≤3.0	≤4.5	2
	2	100								
	3	125								
	4	150								
	5	200								
	6	250								
保温	7	80	≥6.0	≤6.0	≤9.0	2	≥4.0	≤3.0	≤4.5	2
	8	100								
	9	125								
	10	150								
	11	200								

注：
1. 管总重指两个装配式承重支吊架间的满水钢管总重量（保温管含保温层）。
2. 槽钢立柱②、槽钢横梁④为C型槽钢。

单管双立柱承重吊架

图集号 18R417-2

页 41

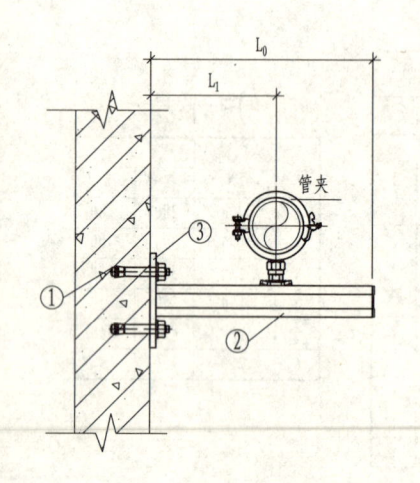

材料明细表

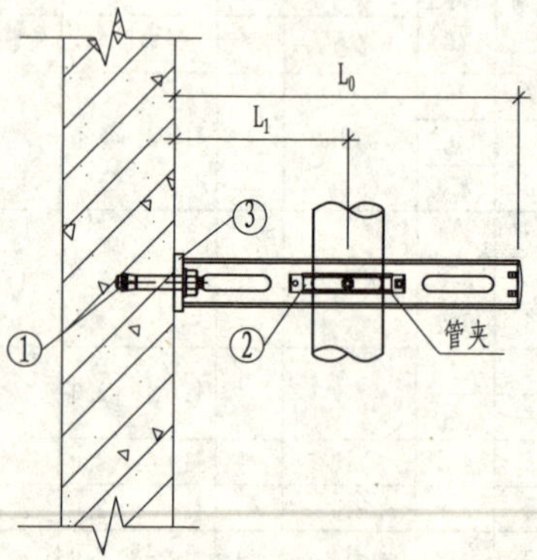

类型	序号	公称直径 DN	吊架间距 (m)	管总重 (kg)	扩底锚栓① 规格型号	件数	槽钢悬臂② 规格型号	件数	钢板底座③ 厚度(mm)	件数
不保温	1	15~25	2	10	M10	2	41×41×2.0	1	≥8.0	1
	2	32	2	20						
	3	40	3	30						
	4	50	3	40						
	5	65	3	50						
	6	80	3	70						
	7	100	3	90						
	8	125	6	230	M12	2	41×41×2.0	1	≥8.0	1
	9	150	6	320	M12	2	41×62×2.5	1	≥8.0	1
保温	10	15~20	2	20	M10	2	41×41×2.0	1	≥8.0	1
	11	25~32	2	30						
	12	40	3	50						
	13	50	3	70	M10	2	41×41×2.0	1	≥8.0	1
	14	65	3	110						
	15	80	3	130	M12	2	41×41×2.0	1	≥8.0	1
	16	100	3	160						

主视图 / 俯视图

尺寸表

序号	公称直径 DN	不保温 L₀	不保温 L₁	保温 L₀	保温 L₁	序号	公称直径 DN	不保温 L₀	不保温 L₁	保温 L₀	保温 L₁
1	15	320	160	480	240	7	65	370	190	570	290
2	20	320	160	480	240	8	80	380	190	580	290
3	25	330	170	490	250	9	100	400	200	600	300
4	32	340	170	500	250	10	125	430	220	-	-
5	40	340	170	500	250	11	150	450	230	-	-
6	50	350	180	510	260						

注：
1. 管总重指两个装配式承重支吊架间的满水钢管总重量（保温管含保温层）。
2. 槽钢悬臂②为C型槽钢。
3. 钢板底座③与槽钢悬臂②为一整体。

单管单悬臂承重支架

图集号 18R417-2
页 42

材料明细表

类型	序号	公称直径DN	吊架间距(m)	单管总重(kg)	扩底锚栓① 规格型号	件数	通丝杆接头② 规格型号	件数	通丝杆③ 规格型号	件数	槽钢横梁④ 规格型号	件数
不保温	1	15~25	2	10	M10	2	M10	2	M10	2	41×41×2.0	1
	2	32	2	20								
	3	40	3	30								
	4	50	3	40								
	5	65	3	50								
	6	80	3	70								
	7	100	3	90								
	8	125	3	120								
	9	150	3	160	M10	2	M10	2	M10	2	41×41×2.5	1
	10	200	3	300	M12	2	M12	2	M12	2	41×62×2.5	1
保温	11	15~20	2	20	M10	2	M10	2	M10	2	41×41×2.0	1
	12	25~32	2	30								
	13	40	3	50								
	14	50	3	70								
	15	65	3	110								
	16	80	3	130								
	17	100	3	160	M10	2	M10	2	M10	2	41×41×2.5	1
	18	125	3	210	M12	2	M12	2	M12	2	41×62×2.5	1
	19	150	3	280								

主视图

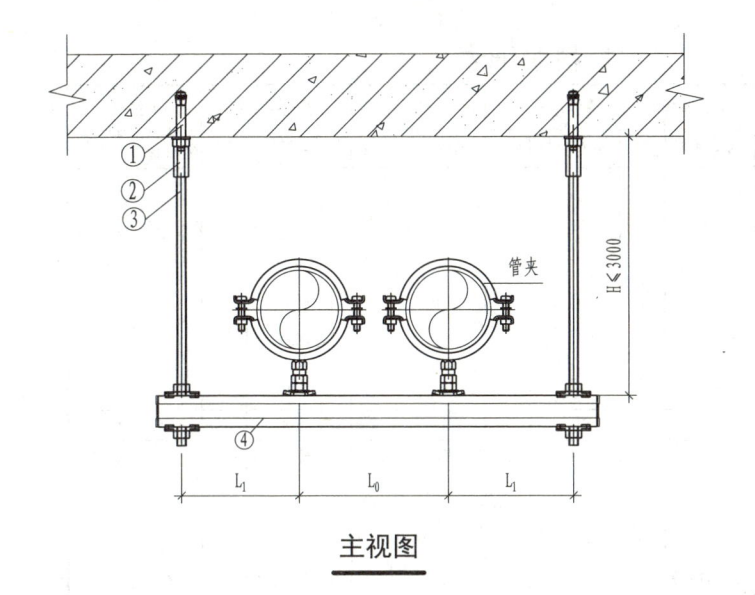

（管夹，H≤3000）

尺寸表

序号	公称直径DN	不保温 L_0	不保温 L_1	保温 L_0	保温 L_1
1	15	165	160	325	240
2	20	170	160	330	240
3	25	175	170	335	250
4	32	185	170	345	250
5	40	190	170	350	250
6	50	200	180	360	260

序号	公称直径DN	不保温 L_0	不保温 L_1	保温 L_0	保温 L_1
7	65	215	190	415	290
8	80	230	190	430	290
9	100	250	200	450	300
10	125	275	220	475	320
11	150	300	230	500	330
12	200	350	250	-	-

注：
1. 单管总重指两个装配式承重支吊架间的单根满水钢管总重量（保温管含保温层）。
2. 槽钢横梁④为C型槽钢。

双管双通丝杆承重吊架①

图集号 18R417-2
页 43

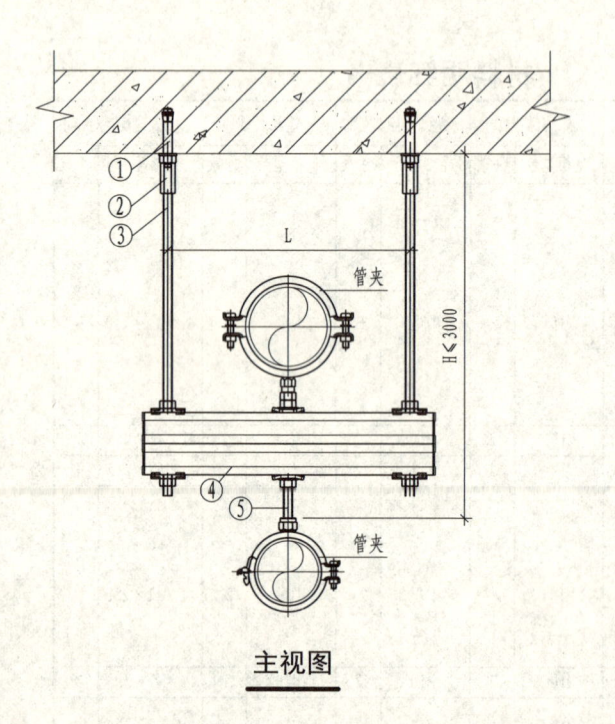

主视图

材料明细表

类型	序号	公称直径 DN	吊架间距 (m)	单管总重 (kg)	扩底锚栓① 规格型号	件数	通丝杆接头② 规格型号	件数	通丝杆③ 规格型号	件数	槽钢横梁④ 规格型号	件数	通丝杆⑤ 规格型号	件数
不保温	1	15~25	2	10										
	2	32	2	20										
	3	40	3	30										
	4	50	3	40										
	5	65	3	50	M10	2	M10	2	M10	2	41×41×2.0	1	M10	1
	6	80	3	70										
	7	100	3	90										
	8	125	3	120										
	9	150	3	160	M10	2	M10	2	M10	2	41×41×2.5	1	M10	1
	10	200	3	300	M12	2	M12	2	M12	2	41×62×2.5	1	M10	1
保温	11	15~20	2	20										
	12	25~32	2	30										
	13	40	3	50										
	14	50	3	70	M10	2	M10	2	M10	2	41×41×2.0	1	M10	1
	15	65	2	110										
	16	80	3	130										
	17	100	3	160	M10	2	M10	2	M10	2	41×41×2.5	1	M10	1
	18	125	3	210	M12	2	M12	2	M12	2	41×62×2.5	1	M10	1
	19	150	3	280										

尺寸表

序号	公称直径 DN	L 不保温	L 保温	序号	公称直径 DN	L 不保温	L 保温
1	15~20	220	380	6	80	280	480
2	25	230	390	7	100	300	500
3	32~40	240	400	8	125	330	530
4	50	250	410	9	150	350	550
5	65	270	470	10	200	400	-

注:
1. 单管总重指两个装配式承重支吊架间的单根满水钢管总重量(保温管含保温层)。
2. 槽钢横梁④为C型槽钢。

双管双通丝杆承重吊架②

图集号 18R417-2

材料明细表

类型	序号	公称直径DN	吊架间距(m)	单管总重(kg)	扩底锚栓① 规格型号	件数	通丝杆接头② 规格型号	件数	通丝杆③ 规格型号	件数	槽钢横梁④ 规格型号	件数
不保温	1	15~25	2	10	M10	2	M10	2	M10	4	41×41×2.0	2
	2	32	2	20								
	3	40	3	30								
	4	50	3	40								
	5	65	3	50								
	6	80	3	70								
	7	100	3	90								
	8	125	3	120								
	9	150	3	160								
	10	200	3	300	M12	2	M12	2	M12	4	41×62×2.0	2
保温	11	15~20	2	20	M10	2	M10	2	M10	4	41×41×2.0	2
	12	25~32	2	30								
	13	40	3	50								
	14	50	3	70								
	15	65	3	110								
	16	80	3	130								
	17	100	3	160								
	18	125	3	210	M12	2	M12	2	M12	4	41×41×2.0	2
	19	150	3	280	M12	2	M12	2	M12	4	41×62×2.0	2

主视图

注:
1. 单管总重指两个装配式承重支吊架间的单根满水钢管总重量（保温管含保温层）。
2. 槽钢横梁④为C型槽钢。

尺寸表

序号	公称直径DN	L 不保温	L 保温	序号	公称直径DN	L 不保温	L 保温
1	15~20	220	380	6	80	280	480
2	25	230	390	7	100	300	500
3	32~40	240	400	8	125	330	530
4	50	250	410	9	150	350	550
5	65	270	470	10	200	400	-

双管双通丝杆承重吊架③

图集号 18R417-2

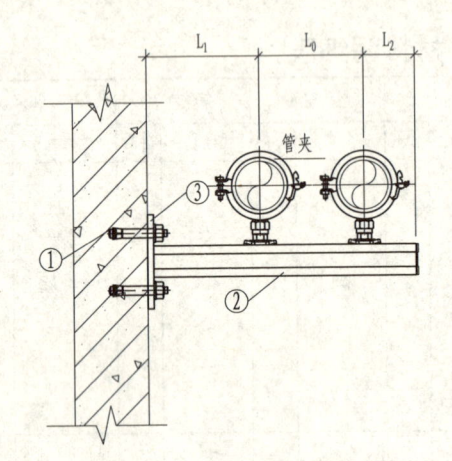

材料明细表

类型	序号	公称直径DN	吊架间距(m)	单管总重(kg)	扩底锚栓① 规格型号	扩底锚栓① 件数	槽钢悬臂② 规格型号	槽钢悬臂② 件数	钢板底座③ 厚度(mm)	钢板底座③ 件数
不保温	1	15~25	2	10	M10	2	41×41×2.0	1	≥8.0	1
	2	32	2	20						
	3	40	3	30						
	4	50	3	40						
	5	65	3	50						
	6	80	3	70						
保温	7	15~20	2	20	M10	2	41×41×2.0	1	≥8.0	1
	8	25~32	2	30						
	9	40	3	50						
	10	50	3	70	M12	2	41×52×2.5	1	≥8.0	1

主视图

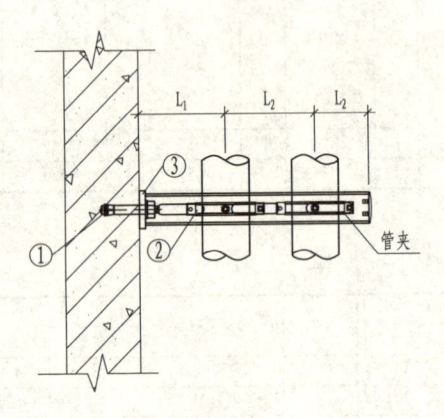

俯视图

尺寸表

序号	公称直径DN	不保温 L_0	不保温 L_1	不保温 L_2	保温 L_0	保温 L_1	保温 L_2
1	15	165	160	110	325	240	190
2	20	170	160	110	330	240	190
3	25	175	170	115	335	250	195
4	32	185	170	120	345	250	200
5	40	190	170	120	350	250	200
6	50	200	180	125	360	260	205
7	65	215	190	135	-	-	-
8	80	230	190	140	-	-	-

注：
1. 单管总重指两个装配式承重支吊架间的单根满水钢管总重量（保温管含保温层）。
2. 槽钢悬臂②为C型槽钢。
3. 钢板底座③与槽钢悬臂②为一整体。

双管单悬臂承重支架①

图集号 18R417-2

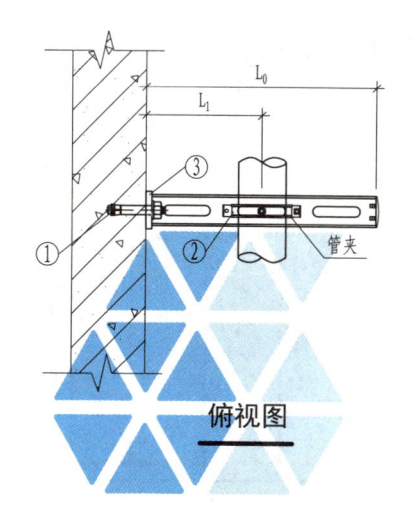

材料明细表

类型	序号	公称直径 DN	吊架间距 (m)	单管总重 (kg)	扩底锚栓① 规格型号	扩底锚栓① 件数	槽钢悬臂② 规格型号	槽钢悬臂② 件数	钢板底座③ 厚度(mm)	钢板底座③ 件数	通丝杆④ 规格型号	通丝杆④ 件数
不保温	1	15~25	2	10	M10	2	41×41×2.0	1	≥8.0	1	M10	1
	2	32	2	20								
	3	40	3	30								
	4	50	3	40								
	5	65	3	50								
	6	80	3	70								
保温	7	15~20	2	20	M10	2	41×41×2.0	1	≥8.0	1	M10	1
	8	25~32	2	30								
	9	40	3	50								
	10	50	3	70	M12	2	41×41×2.0	1	≥8.0	1	M10	1

主视图

俯视图

尺寸表

序号	公称直径 DN	不保温 L_0	不保温 L_1	保温 L_0	保温 L_1
1	15~20	320	160	480	240
2	25	330	170	490	250
3	32~40	340	170	500	250
4	50	350	180	510	260
5	65	370	190	-	-
6	80	380	190	-	-

注：
1. 单管总重指两个装配式承重支吊架间的单根满水钢管总重量（保温管含保温层）。
2. 槽钢悬臂②为C型槽钢。
3. 钢板底座③与槽钢悬臂②为一整体。

双管单悬臂承重支架②

图集号 18R417-2

页 47

材料明细表

序号	公称直径 DN	吊架间距 (m)	单管总重 (kg)	扩底锚栓① 规格型号	件数	槽钢立柱② 规格型号	件数	槽钢横梁③ 规格型号	件数
1	15~25	2	10						
2	32	3	20						
3	40	3	30						
4	50	3	40						
5	65	3	50	M10	4	41×41×2.0	2	41×41×2.0	1
6	80	3	70						
7	100	3	90						
8	125	3	120						
9	150	3	160	M10	4	41×41×2.0	2	41×41×2.5	1
10	200	3	300	M12	4	41×41×2.0	2	41×62×2.5	1

主视图

尺寸表

序号	公称直径 DN	L_0	L_1	序号	公称直径 DN	L_0	L_1
1	15	165	160	7	65	215	190
2	20	170	160	8	80	230	190
3	25	175	170	9	100	250	200
4	32	185	170	10	125	275	220
5	40	190	170	11	150	300	230
6	50	200	180	12	200	350	250

注:
1. 单管总重指两个装配式承重支吊架间的单根满水钢管总重量。
2. 槽钢立柱②、槽钢横梁③为C型槽钢。

连接件性能参数表

序号	公称直径 DN	槽钢底座④ 壁厚(mm)	设计拉力(kN)	设计压力(kN)	件数	槽钢连接件⑤ 壁厚(mm)	设计拉力(kN)	设计压力(kN)	件数
1	15~25								
2	32								
3	40								
4	50								
5	65	≥6.0	≤4.4	≤6.0	2	≥6.0	≤4.4	≤6.0	2
6	80								
7	100								
8	125								
9	150								
10	200								

双管双立柱承重吊架①-不保温

图集号 18R417-2

材料明细表

序号	公称直径 DN	吊架间距 (m)	单管总重 (kg)	扩底锚栓① 规格型号	件数	槽钢立柱② 规格型号	件数	槽钢横梁③ 规格型号	件数
1	15~25	2	20						
2	32	2	30						
3	40	3	50						
4	50	3	70	M10	4	41×41×2.0	2	41×41×2.0	1
5	65	3	110						
6	80	3	130						
7	100	3	160	M10	4	41×41×2.0	2	41×41×2.5	1
8	125	3	210	M12	4	41×41×2.0	2	41×62×2.5	1
9	150	3	280						
10	200	3	490	M12	4	41×41×2.0	2	41×124×2.0	1

主视图

尺寸表

序号	公称直径 DN	L_0	L_1	序号	公称直径 DN	L_0	L_1
1	15	325	240	7	65	415	290
2	20	330	240	8	80	430	290
3	25	335	250	9	100	450	300
4	32	345	250	10	125	475	320
5	40	350	250	11	150	500	330
6	50	360	260	12	200	590	370

连接件性能参数表

序号	公称直径 DN	槽钢底座④ 壁厚 (mm)	设计拉力 (kN)	设计压力 (kN)	件数	槽钢连接件⑤ 壁厚 (mm)	设计拉力 (kN)	设计压力 (kN)	件数
1	15~25								
2	32								
3	40								
4	50								
5	65	≥6.0	≤4.4	≤6.0	2	≥6.0	≤4.4	≤6.0	2
6	80								
7	100								
8	125								
9	150								
10	200	≥6.0	≤6.0	≤6.0	2	≥6.0	≤6.0	≤6.0	2

注：
1. 单管总重指两个装配式承重支吊架间的单根满水钢管总重量（含保温层）。
2. 槽钢立柱②、槽钢横梁③为C型槽钢。

双管双立柱承重吊架①-保温

图集号 18R417-2
页 49

主视图

尺寸表

序号	公称直径DN	L	序号	公称直径DN	L
1	15	220	7	65	270
2	20	220	8	80	280
3	25	230	9	100	300
4	32	240	10	125	330
5	40	240	11	150	350
6	50	250	12	200	400

材料明细表

序号	公称直径DN	吊架间距(m)	单管总重(kg)	扩底锚栓① 规格型号	件数	槽钢立柱② 规格型号	件数	槽钢横梁③ 规格型号	件数
1	15~25	2	10						
2	32	2	20						
3	40	3	30						
4	50	3	40						
5	65	3	50	M10	4	41×41×2.0	2	41×41×2.0	2
6	80	3	70						
7	100	3	90						
8	125	3	120						
9	150	3	160	M10	4	41×41×2.0	2	41×41×2.5	2
10	200	3	300	M12	4	41×41×2.0	2	41×62×2.0	1

连接件性能参数表

序号	公称直径DN	槽钢底座④ 壁厚(mm)	设计拉力(kN)	设计压力(kN)	件数	槽钢连接件⑤ 壁厚(mm)	设计拉力(kN)	设计压力(kN)	件数
1	15~25								
2	32								
3	40								
4	50								
5	65	≥6.0	≤4.4	≤6.0	2	≥4.0	≤2.5	≤3.5	4
6	80								
7	100								
8	125								
9	150								
10	200								

注:
1. 单管总重指两个装配式承重支吊架间的单根满水钢管总重量。
2. 槽钢立柱②、槽钢横梁③为C型槽钢。

双管双立柱承重吊架②-不保温

图集号 18R417-2

主视图

材料明细表

序号	公称直径DN	吊架间距(m)	单管总重(kg)	扩底锚栓① 规格型号	件数	槽钢立柱② 规格型号	件数	槽钢横梁③ 规格型号	件数
1	15~25	2	20	M10	4	41×41×2.0	2	41×41×2.0	2
2	32	2	30						
3	40	3	50						
4	50	3	70						
5	65	3	110						
6	80	3	130						
7	100	3	160	M10	4	41×41×2.0	2	41×41×2.5	2
8	125	3	210	M12	4	41×41×2.0	2	41×41×2.0	2
9	150	3	280	M12	4	41×41×2.0	2	41×62×2.0	2

尺寸表

序号	公称直径DN	L	序号	公称直径DN	L
1	15	380	7	65	470
2	20	380	8	80	480
3	25	390	9	100	500
4	32	400	10	125	530
5	40	400	11	150	550
6	50	410	-	-	-

连接件性能参数表

序号	公称直径DN	槽钢底座④ 壁厚(mm)	设计拉力(kN)	设计压力(kN)	件数	槽钢连接件⑤ 壁厚(mm)	设计拉力(kN)	设计压力(kN)	件数
1	15~25								
2	32								
3	40								
4	50								
5	65	≥6.0	≤4.4	≤6.0	2	≥4.0	≤2.5	≤3.5	4
6	80								
7	100								
8	125								
9	150								

注：
1. 单管总重指两个装配式承重支吊架间的单根满水钢管总重量（含保温层）。
2. 槽钢立柱②、槽钢横梁③为C型槽钢。

双管双立柱承重吊架②-保温

图集号 18R417-2

页 51

主视图

材料明细表

类型	序号	公称直径DN	吊架间距(m)	单管重(kg)	扩底锚栓① 规格型号	件数	通丝杆② 规格型号	件数	槽钢横梁③ 规格型号	件数
不保温	1	15~25	2	10	M10	4	M10	3	41×41×2.0	1
	2	32	2	20						
	3	40	3	30						
	4	50	3	40						
	5	65	3	50						
	6	80	3	70						
	7	100	3	90						
保温	8	15~20	2	20	M10	4	M10	3	41×41×2.0	1
	9	25~32	2	30						
	10	40	3	50						
	11	50	3	70						
	12	65	3	110						
	13	80	3	130						
	14	100	3	160						

尺寸表

序号	公称直径DN	不保温 L_0	L_1	L_2	保温 L_0	L_1	L_2	序号	公称直径DN	不保温 L_0	L_1	L_2	保温 L_0	L_1	L_2
1	15	165	430	25	325	750	25	6	50	200	500	25	360	820	25
2	20	170	440	25	330	760	25	7	65	215	530	25	415	930	25
3	25	175	450	25	335	770	25	8	80	230	560	25	430	960	25
4	32	185	470	25	345	790	25	9	100	250	600	25	450	1000	25
5	40	190	480	25	350	800	25								

注:
1. 单管总重指两个装配式承重支吊架间的单根满水钢管总重量(保温管含保温层)。
2. 槽钢横梁③为C型槽钢。

三管单通丝杆承重吊架①

图集号 18R417-2

页 52

主视图

连接件性能参数表

类型	序号	公称直径DN	槽钢连接件④			件数
			壁厚(mm)	设计拉力(kN)	设计压力(kN)	
不保温	1	15～25	≥4.0	≤5.0	≤5.0	4
	2	32				
	3	40				
	4	50				
	5	65				
	6	80				
	7	100				

类型	序号	公称直径DN	槽钢连接件④			件数
			壁厚(mm)	设计拉力(kN)	设计压力(kN)	
保温	8	15～20	≥4.0	≤5.0	≤5.0	4
	9	25～32				
	10	40				
	11	50				
	12	65				
	13	80				
	14	100				

注：
1. 单管总重指两个装配式承重支吊架间的单根满水钢管总重量（保温管含保温层）。
2. 槽钢横梁②为C型槽钢。

材料明细表

类型	序号	公称直径DN	吊架间距(m)	单管重(kg)	扩底锚栓①		槽钢横梁②		通丝杆③	
					规格型号	件数	规格型号	件数	规格型号	件数
不保温	1	15～25	2	10	M10	4	41×41×2.0	1	M10	3
	2	32	2	20						
	3	40	3	30						
	4	50	3	40						
	5	65	3	50						
	6	80	3	70						
	7	100	3	90						
保温	8	15～20	2	20	M10	4	41×41×2.0	1	M10	3
	9	25～32	2	30						
	10	40	3	50						
	11	50	3	70						
	12	65	3	110						
	13	80	3	130						
	14	100	3	160						

尺寸表

序号	公称直径DN	不保温			保温		
		L_0	L_1	L_2	L_0	L_1	L_2
1	15	165	430	50	325	750	50
2	20	170	440	50	330	760	50
3	25	175	450	50	335	770	50
4	32	185	470	50	345	790	50
5	40	190	480	50	350	800	50
6	50	200	500	50	360	820	50
7	65	215	530	50	415	930	50
8	80	230	560	50	430	960	50
9	100	250	600	50	450	1000	50

三管单通丝杆承重吊架②

图集号 18R417-2

页 53

材料明细表

类型	序号	公称直径 DN	吊架间距 (m)	单管总重 (kg)	扩底锚栓① 规格型号	件数	通丝杆接头② 规格型号	件数	通丝杆③ 规格型号	件数	槽钢横梁④ 规格型号	件数
不保温	1	15~25	2	10								
	2	32	2	20								
	3	40	3	30								
	4	50	3	40								
	5	65	3	50	M10	2	M10	2	M10	2	41×41×2.0	1
	6	80	3	70								
	7	100	3	90								
	8	125	3	120	M10	2	M10	2	M10	2	41×52×2.5	1
	9	150	3	160	M10	2	M10	2	M10	2	41×62×2.5	1
保温	10	15~20	2	20								
	11	25~32	2	30								
	12	40	3	50	M10	2	M10	2	M10	2	41×41×2.0	1
	13	50	3	70								
	14	65	3	110								
	15	80	3	130	M10	2	M10	2	M10	2	41×62×2.0	1
	16	100	3	160	M10	2	M10	2	M10	2	41×62×2.75	1
	17	125	3	210	M12	2	M12	2	M12	2	41×82×2.5	1
	18	150	3	280	M12	2	M12	2	M12	2	41×104×2.5	1

主视图

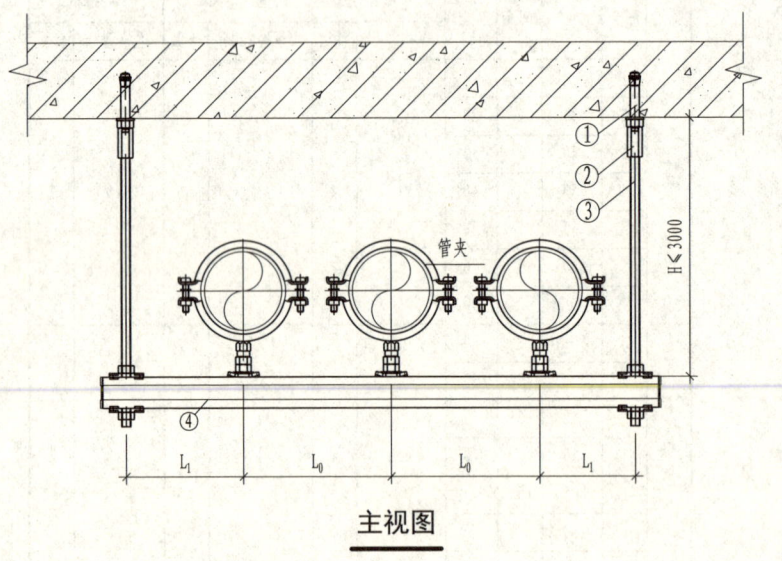

尺寸表

序号	公称直径 DN	不保温 L_0	不保温 L_1	保温 L_0	保温 L_1	序号	公称直径 DN	不保温 L_0	不保温 L_1	保温 L_0	保温 L_1
1	15	165	160	325	240	7	65	215	190	415	290
2	20	170	160	330	240	8	80	230	190	430	290
3	25	175	170	335	250	9	100	250	200	450	300
4	32	185	170	345	250	10	125	275	220	475	320
5	40	190	170	350	250	11	150	300	230	500	330
6	50	200	180	360	260						

注:
1. 单管总重指两个装配式承重支吊架间的单根满水钢管总重量（保温管含保温层）。
2. 槽钢横梁④为C型槽钢。

三管双通丝杆承重吊架①

图集号 18R417-2
页 54

材料明细表

类型	序号	公称直径 DN	吊架间距 (m)	单管总重 (kg)	扩底锚栓① 规格型号	件数	通丝杆接头② 规格型号	件数	通丝杆③ 规格型号	件数	槽钢横梁④ 规格型号	件数	通丝杆⑤ 规格型号	件数
不保温	1	15~25	2	10	M10	2	M10	2	M10	2	41×41×2.0	1	M10	1
	2	32	2	20										
	3	40	3	30										
	4	50	3	40										
	5	65	3	50										
	6	80	3	70										
	7	100	3	90										
	8	125	3	120	M10	2	M10	2	M10	2	41×41×2.5	1	M10	1
	9	150	3	160	M10	2	M10	2	M10	2	41×62×2.5	1	M10	1
保温	10	15~20	2	20	M10	2	M10	2	M10	2	41×41×2.0	1	M10	1
	11	25~32	2	30										
	12	40	3	50										
	13	50	3	70										
	14	65	3	110	M10	2	M10	2	M10	2	41×52×2.5	1	M10	1
	15	80	3	130	M10	2	M10	2	M10	2	41×62×2.0	1	M10	1
	16	100	3	160	M10	2	M10	2	M10	2	41×62×2.5	1	M10	1
	17	125	3	210	M12	2	M12	2	M12	2	41×82×2.5	1	M10	1
	18	150	3	280	M12	2	M12	2	M12	2	41×104×2.5	1	M10	1

主视图

尺寸表

序号	公称直径 DN	不保温 L_0	不保温 L_1	保温 L_0	保温 L_1	序号	公称直径 DN	不保温 L_0	不保温 L_1	保温 L_0	保温 L_1
1	15	165	160	325	240	7	65	215	190	415	290
2	20	170	160	330	240	8	80	230	190	430	290
3	25	175	170	335	250	9	100	250	200	450	300
4	32	185	170	345	250	10	125	275	220	475	320
5	40	190	170	350	250	11	150	300	230	500	330
6	50	200	180	360	260						

注：
1. 单管总重指两个装配式承重支吊架间的单根满水钢管总重量（保温管含保温层）。
2. 槽钢横梁④为C型槽钢。

三管双通丝杆承重吊架②

图集号 18R417-2
页 55

材料明细表

类型	序号	公称直径 DN	吊架间距 (m)	单管总重 (kg)	扩底锚栓① 规格型号	件数	通丝杆接头② 规格型号	件数	通丝杆③ 规格型号	件数	槽钢横梁④ 规格型号	件数	通丝杆⑤ 规格型号	件数
不保温	1	15~25	2	10										
	2	32	2	20										
	3	40	3	30							41×41×2.0	1		
	4	50	3	40	M10	2	M10	2	M10	2	41×41×2.0	1	M10	1
	5	65	3	50										
	6	80	3	70										
	7	100	3	90										
	8	125	3	120	M10	2	M10	2	M10	2	41×41×2.5	1	M10	1
	9	150	3	160	M10	2	M10	2	M10	2	41×62×2.5	1	M10	1
保温	10	15~20	2	20										
	11	25~32	2	30	M10	2	M10	2	M10	2	41×41×2.0	1	M10	1
	12	40	3	50										
	13	50	3	70										
	14	65	3	110	M10	2	M10	2	M10	2	41×52×2.5	1	M10	1
	15	80	3	130	M10	2	M10	2	M10	2	41×62×2.5	1	M10	1
	16	100	3	160										
	17	125	3	210	M12	2	M12	2	M12	2	41×82×2.5	1	M10	1
	18	150	3	280	M12	2	M12	2	M12	2	41×104×2.5	1	M10	1

主视图

尺寸表

序号	公称直径 DN	不保温 L_0	不保温 L_1	保温 L_0	保温 L_1	序号	公称直径 DN	不保温 L_0	不保温 L_1	保温 L_0	保温 L_1
1	15	165	160	325	240	7	65	215	190	415	290
2	20	170	160	330	240	8	80	230	190	430	290
3	25	175	170	335	250	9	100	250	200	450	300
4	32	185	170	345	250	10	125	275	220	475	320
5	40	190	170	350	250	11	150	300	230	500	330
6	50	200	180	360	260						

注:
1. 单管总重指两个装配式承重支吊架间的单根满水钢管总重量（保温管含保温层）。
2. 槽钢横梁④为C型槽钢。

三管双通丝杆承重吊架③

图集号 18R417-2
页 56

材料明细表

类型	序号	公称直径 DN	吊架间距 (m)	单管总重 (kg)	扩底锚栓① 规格型号	件数	通丝杆接头② 规格型号	件数	通丝杆③ 规格型号	件数	槽钢横梁④ 规格型号	件数
不保温	1	15～25	2	10	M10	2	M10	2	M10	2	41×41×2.0	2
	2	32	2	20								
	3	40	3	30								
	4	50	3	40								
	5	65	3	50								
	6	80	3	70								
	7	100	3	90								
	8	125	3	120								
	9	150	3	160	M10	2	M10	2	M10	2	41×41×2.5	2
保温	10	15～20	2	20	M10	2	M10	2	M10	2	41×41×2.0	2
	11	25～32	2	30								
	12	40	3	50								
	13	50	3	70								
	14	65	3	110								
	15	80	3	130								
	16	100	3	160	M10	2	M10	2	M10	2	41×41×2.5	2
	17	125	3	210	M12	2	M12	2	M12	2	41×62×2.5	2
	18	150	3	280								

主视图

尺寸表

序号	公称直径 DN	不保温 L_0	不保温 L_1	保温 L_0	保温 L_1	序号	公称直径 DN	不保温 L_0	不保温 L_1	保温 L_0	保温 L_1
1	15	165	160	325	240	7	65	215	190	415	290
2	20	170	160	330	240	8	80	230	190	430	290
3	25	175	170	335	250	9	100	250	200	450	300
4	32	185	170	345	250	10	125	275	220	475	320
5	40	190	170	350	250	11	150	300	230	500	330
6	50	200	180	360	260						

注：
1. 单管总重指两个装配式承重支吊架间的单根满水钢管总重量（保温管含保温层）。
2. 槽钢横梁④为C型槽钢。

三管双通丝杆承重吊架④

图集号 18R417-2

页 57

材料明细表

类型	序号	公称直径DN	吊架间距(m)	单管总重(kg)	扩底锚栓① 规格型号	件数	通丝杆接头② 规格型号	件数	通丝杆③ 规格型号	件数	槽钢横梁④ 规格型号	件数
不保温	1	15~25	2	10	M10	2	M10	2	M10	2	41×41×2.0	2
	2	32	2	20								
	3	40	3	30								
	4	50	3	40								
	5	65	3	50								
	6	80	3	70								
	7	100	3	90								
	8	125	3	120								
	9	150	3	160	M10	2	M10	2	M10	2	41×41×2.5	2
保温	10	15~20	2	20	M10	2	M10	2	M10	2	41×41×2.0	2
	11	25~32	2	30								
	12	40	3	50								
	13	50	3	70								
	14	65	3	110								
	15	80	3	130								
	16	100	3	160	M10	2	M10	2	M10	2	41×41×2.5	2
	17	125	3	210	M12	2	M12	2	M12	2	41×62×2.5	2
	18	150	3	280								

主视图

尺寸表

序号	公称直径DN	不保温 L_0	不保温 L_1	保温 L_0	保温 L_1	序号	公称直径DN	不保温 L_0	不保温 L_1	保温 L_0	保温 L_1
1	15	165	160	325	240	7	65	215	190	415	290
2	20	170	160	330	240	8	80	230	190	430	290
3	25	175	170	335	250	9	100	250	200	450	300
4	32	185	170	345	250	10	125	275	220	475	320
5	40	190	170	350	250	11	150	300	230	500	330
6	50	200	180	360	260						

注:
1. 单管总重指两个装配式承重支吊架间的单根满水钢管总重量(保温管含保温层)。
2. 槽钢横梁④为C型槽钢。

三管双通丝杆承重吊架⑤

图集号 18R417-2

页 58

材料明细表

序号	公称直径DN	吊架间距(m)	单管总重(kg)	扩底锚栓① 规格型号	件数	槽钢立柱② 规格型号	件数	槽钢横梁③ 规格型号	件数
1	15～25	2	10	M10	4	41×41×2.0	2	41×41×2.0	1
2	32	2	20						
3	40	3	30						
4	50	3	40						
5	65	3	50						
6	80	3	70						
7	100	3	90						
8	125	3	120	M10	4	41×41×2.0	2	41×52×2.5	1
9	150	3	160	M10	4	41×41×2.0	2	41×62×2.5	1

主视图

尺寸表

序号	公称直径DN	L_0	L_1	序号	公称直径DN	L_0	L_1
1	15	165	160	7	65	215	190
2	20	170	160	8	80	230	190
3	25	175	170	9	100	250	200
4	32	185	170	10	125	275	220
5	40	190	170	11	150	300	230
6	50	200	180				

连接件性能参数表

序号	公称直径DN	槽钢底座④ 壁厚(mm)	设计拉力(kN)	设计压力(kN)	件数	槽钢连接件⑤ 壁厚(mm)	设计拉力(kN)	设计压力(kN)	件数
1	15～25	≥6.0	≤4.4	≤6.0	2	≥4.0	≤3.0	≤4.5	2
2	32								
3	40								
4	50								
5	65								
6	80								
7	100								
8	125								
9	150								

注：
1. 单管总重指两个装配式承重支吊架间的单根满水钢管总重量。
2. 槽钢立柱②、槽钢横梁③为C型槽钢。

三管双立柱承重吊架①-不保温

图集号 18R417-2
页 59

材料明细表

序号	公称直径DN	吊架间距(m)	单管总重(kg)	扩底锚栓① 规格型号	件数	槽钢立柱② 规格型号	件数	槽钢横梁③ 规格型号	件数
1	15~25	2	20	M10	4	41×41×2.0	2	41×41×2.0	1
2	32	2	30						
3	40	3	50						
4	50	3	70						
5	65	3	110	M10	4	41×41×2.0	2	41×62×2.0	1
6	80	3	130						
7	100	3	160	M10	4	41×41×2.0	2	41×62×2.75	1
8	125	3	210	M12	4	41×41×2.0	2	41×82×2.5	1
9	150	3	280	M12	4	41×41×2.0	2	41×104×2.5	1

主视图

尺寸表

序号	公称直径DN	L₀	L₁	序号	公称直径DN	L₀	L₁
1	15	325	240	7	65	415	290
2	20	330	240	8	80	430	290
3	25	335	250	9	100	450	300
4	32	345	250	10	125	475	320
5	40	350	250	11	150	500	330
6	50	360	260				

连接件性能参数表

序号	公称直径DN	槽钢底座④ 壁厚(mm)	设计拉力(kN)	设计压力(kN)	件数	槽钢连接件⑤ 壁厚(mm)	设计拉力(kN)	设计压力(kN)	件数
1	15~25								
2	32								
3	40								
4	50								
5	65	≥6.0	≤4.4	≤6.0	2	≥6.0	≤4.4	≤6.0	2
6	80								
7	100								
8	125								
9	150	≥6.0	≤6.0	≤6.0	2		≤6.0	≤6.0	2

注：
1. 单管总重指两个装配式承重支吊架间的单根满水钢管总重量（含保温层）。
2. 槽钢立柱②，槽钢横梁③为C型槽钢。

三管双立柱承重吊架①-保温

图集号 18R417-2
页 60

材料明细表

序号	公称直径DN	吊架间距(m)	单管总重(kg)	扩底锚栓① 规格型号	件数	槽钢立柱② 规格型号	件数	槽钢横梁③ 规格型号	件数	通丝杆④ 规格型号	件数
1	15~25	2	10								
2	32	2	20								
3	40	3	30								
4	50	3	40	M10	4	41×41×2.0	2	41×41×2.0	1	M10	1
5	65	3	50								
6	80	3	70								
7	100	3	90								
8	125	3	120	M10	4	41×41×2.0	2	41×41×2.5	1	M10	1
9	150	3	160	M10	4	41×41×2.0	2	41×62×2.5	1	M10	1

主视图

尺寸表

序号	公称直径DN	L_0	L_1	序号	公称直径DN	L_0	L_1
1	15	165	160	7	65	215	190
2	20	170	160	8	80	230	190
3	25	175	170	9	100	250	200
4	32	185	170	10	125	275	220
5	40	190	170	11	150	300	230
6	50	200	180				

连接件性能参数表

序号	公称直径DN	槽钢底座⑤ 壁厚(mm)	设计拉力(kN)	设计压力(kN)	件数	槽钢连接件⑥ 壁厚(mm)	设计拉力(kN)	设计压力(kN)	件数	槽钢连接件⑦ 壁厚(mm)	设计拉力(kN)	设计压力(kN)	件数
1	15~25												
2	32												
3	40												
4	50												
5	65	≥6.0	≤5.0	≤6.0	2	≥4.0	≤3.0	≤4.5	2	≥4.0	≤3.0	≤4.0	2
6	80												
7	100												
8	125												
9	150												

注:
1. 单管总重指两个装配式承重支吊架间的单根满水钢管总重量。
2. 槽钢立柱②、槽钢横梁③为C型槽钢。

三管双立柱承重吊架②-不保温

图集号 18R417-2
页 61

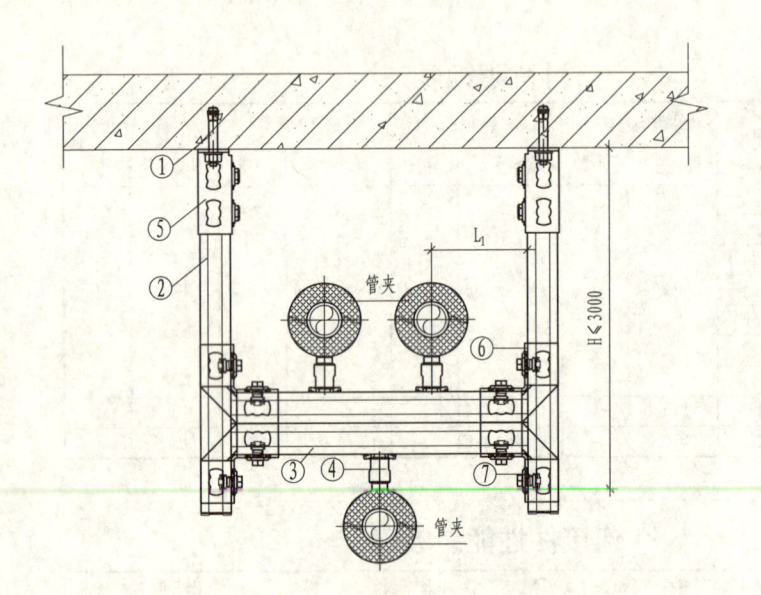

材料明细表

序号	公称直径DN	吊架间距(m)	单管总重(kg)	扩底锚栓① 规格型号	件数	槽钢立柱② 规格型号	件数	槽钢横梁③ 规格型号	件数	通丝杆④ 规格型号	件数
1	15~25	2	20	M10	4	41×41×2.0	2	41×41×2.0	1	M10	1
2	32	2	30	M10	4	41×41×2.0	2	41×41×2.0	1	M10	1
3	40	3	50	M10	4	41×41×2.0	2	41×41×2.0	1	M10	1
4	50	3	70	M10	4	41×41×2.0	2	41×41×2.0	1	M10	1
5	65	3	110	M10	4	41×41×2.0	2	41×52×2.5	1	M10	1
6	80	3	130	M10	4	41×41×2.0	2	41×62×2.5	1	M10	1
7	100	3	160	M12	4	41×41×2.0	2	41×62×2.5	1	M12	1
8	125	3	210	M12	4	41×41×2.0	2	41×82×2.5	1	M12	1
9	150	3	280	M12	4	41×41×2.0	2	41×104×2.5	1	M12	1

主视图

尺寸表

序号	公称直径DN	L_0	L_1	序号	公称直径DN	L_0	L_1
1	15	325	240	7	65	415	290
2	20	330	240	8	80	430	290
3	25	335	250	9	100	450	300
4	32	345	250	10	125	475	320
5	40	350	250	11	150	500	330
6	50	360	260				

连接件性能参数表

序号	公称直径DN	槽钢底座⑤ 壁厚(mm)	设计拉力(kN)	设计压力(kN)	件数	槽钢连接件⑥ 壁厚(mm)	设计拉力(kN)	设计压力(kN)	件数	槽钢连接件⑦ 壁厚(mm)	设计拉力(kN)	设计压力(kN)	件数
1	15~25												
2	32												
3	40												
4	50												
5	65	≥6.0	≤6.0	≤6.0	2	≥4.0	≤4.0	≤4.5	2	≥4.0	≤3.0	≤4.0	2
6	80												
7	100												
8	125												
9	150												

注:
1. 单管总重指两个装配式承重支吊架间的单根满水钢管总重量(含保温层)。
2. 槽钢立柱②、槽钢横梁③为C型槽钢。

三管双立柱承重吊架②-保温

图集号 18R417-2
页 62

材料明细表

序号	公称直径DN	吊架间距(m)	单管总重(kg)	扩底锚栓① 规格型号	件数	槽钢立柱② 规格型号	件数	槽钢横梁③ 规格型号	件数	通丝杆④ 规格型号	件数
1	15~25	2	10								
2	32	2	20								
3	40	3	30								
4	50	3	40	M10	4	41×41×2.0	2	41×41×2.0	1	M10	2
5	65	3	50								
6	80	3	70								
7	100	3	90								
8	125	3	120	M10	4	41×41×2.0	2	41×41×2.5	1	M12	2
9	150	3	160	M10	4	41×41×2.0	2	41×62×2.5	1	M12	2

尺寸表

序号	公称直径DN	L_0	L_1	序号	公称直径DN	L_0	L_1
1	15	165	160	7	65	215	190
2	20	170	160	8	80	230	190
3	25	175	170	9	100	250	200
4	32	185	170	10	125	275	220
5	40	190	170	11	150	300	230
6	50	200	180				

连接件性能参数表

序号	公称直径DN	槽钢底座⑤ 壁厚(mm)	设计拉力(kN)	设计压力(kN)	件数	槽钢连接件⑥ 壁厚(mm)	设计拉力(kN)	设计压力(kN)	件数	槽钢连接件⑦ 壁厚(mm)	设计拉力(kN)	设计压力(kN)	件数
1	15~25												
2	32												
3	40												
4	50												
5	65	≥6.0	≤5.0	≤6.0	2	≥4.0	≤3.0	≤4.0	2	≥4.0	≤3.0	≤4.5	2
6	80												
7	100												
8	125												
9	150												

主视图

注：
1. 单管总重指两个装配式承重支吊架间的单根满水钢管总重量。
2. 槽钢立柱②、槽钢横梁③为C型槽钢。

三管双立柱承重吊架③-不保温

图集号 18R417-2
页 63

材料明细表

序号	公称直径DN	吊架间距(m)	单管总重(kg)	扩底锚栓① 规格型号	件数	槽钢立柱② 规格型号	件数	槽钢横梁③ 规格型号	件数	通丝杆④ 规格型号	件数
1	15~25	2	20								
2	32	2	30	M10	4	41×41×2.0	2	41×41×2.0	1	M10	2
3	40	3	50								
4	50	3	70								
5	65	3	110	M10	4	41×41×2.0	2	41×52×2.5	1	M10	2
6	80	3	130	M10	4	41×41×2.0	2	41×62×2.5	1	M10	2
7	100	3	160	M12	4	41×41×2.0	2	41×62×2.5	1	M10	2
8	125	3	210	M12	4	41×41×2.0	2	41×82×2.5	1	M10	2
9	150	3	280	M12	4	41×41×2.0	2	41×104×2.5	1	M10	2

主视图

尺寸表

序号	公称直径DN	L_0	L_1	序号	公称直径DN	L_0	L_1
1	15	325	240	7	65	415	290
2	20	330	240	8	80	430	290
3	25	335	250	9	100	450	300
4	32	345	250	10	125	475	320
5	40	350	250	11	150	500	330
6	50	360	260				

连接件性能参数表

序号	公称直径DN	槽钢底座⑤ 壁厚(mm)	设计拉力(kN)	设计压力(kN)	件数	槽钢连接件⑥ 壁厚(mm)	设计拉力(kN)	设计压力(kN)	件数	槽钢连接件⑦ 壁厚(mm)	设计拉力(kN)	设计压力(kN)	件数
1	15~25												
2	32												
3	40												
4	50												
5	65	≥6.0	≤6.0	≤6.0	2	≥4.0	≤3.0	≤4.0	2	≥4.0	≤4.0	≤4.5	2
6	80												
7	100												
8	125												
9	150												

注：
1. 单管总重指两个装配式承重支吊架间的单根满水钢管总重量（含保温层）。
2. 槽钢立柱②、槽钢横梁③为C型槽钢。

三管双立柱承重吊架③-保温

图集号 18R417-2

页 64

材料明细表

序号	公称直径DN	吊架间距(m)	单管总重(kg)	扩底锚栓① 规格型号	件数	槽钢立柱② 规格型号	件数	槽钢横梁③ 规格型号	件数
1	15~25	2	10	M10	4	41×41×2.0	2	41×41×2.0	2
2	32	2	20						
3	40	3	30						
4	50	3	40						
5	65	3	50						
6	80	3	70						
7	100	3	90						
8	125	3	120						
9	150	3	160	M10	4	41×41×2.0	2	41×41×2.5	2

主视图

尺寸表

序号	公称直径DN	L_0	L_1	序号	公称直径DN	L_0	L_1
1	15	165	160	7	65	215	190
2	20	170	160	8	80	230	190
3	25	175	170	9	100	250	200
4	32	185	170	10	125	275	220
5	40	190	170	11	150	300	230
6	50	200	180				

连接件性能参数表

序号	公称直径DN	槽钢底座④ 壁厚(mm)	设计拉力(kN)	设计压力(kN)	件数	槽钢连接件⑤ 壁厚(mm)	设计拉力(kN)	设计压力(kN)	件数	槽钢连接件⑥ 壁厚(mm)	设计拉力(kN)	设计压力(kN)	件数
1	15~25												
2	32												
3	40												
4	50												
5	65	≥6.0	≤5.0	≤6.0	2	≥4.0	≤3.0	≤4.5	2	≥4.0	≤3.0	≤4.0	2
6	80												
7	100												
8	125												
9	150												

注：
1. 单管总重指两个装配式承重支吊架间的单根满水钢管总重量。
2. 槽钢立柱②、槽钢横梁③为C型槽钢。

三管双立柱承重吊架④-不保温

图集号 18R417-2
页 65

材料明细表

序号	公称直径DN	吊架间距(m)	单管总重(kg)	扩底锚栓① 规格型号	扩底锚栓① 件数	槽钢立柱② 规格型号	槽钢立柱② 件数	槽钢横梁③ 规格型号	槽钢横梁③ 件数
1	15~25	2	20	M10	4	41×41×2.0	2	41×41×2.0	2
2	32	2	30						
3	40	3	50						
4	50	3	70						
5	65	3	110						
6	80	3	130						
7	100	3	160	M10	4	41×41×2.0	2	41×41×2.5	2
8	125	3	210	M12	4	41×41×2.0	2	41×62×2.5	2
9	150	3	280						

主视图

尺寸表

序号	公称直径DN	L_0	L_1	序号	公称直径DN	L_0	L_1
1	15	325	240	7	65	415	290
2	20	330	240	8	80	430	290
3	25	335	250	9	100	450	300
4	32	345	250	10	125	475	320
5	40	350	250	11	150	500	330
6	50	360	260				

连接件性能参数表

序号	公称直径DN	槽钢底座④ 壁厚(mm)	槽钢底座④ 设计拉力(kN)	槽钢底座④ 设计压力(kN)	件数	槽钢连接件⑤ 壁厚(mm)	槽钢连接件⑤ 设计拉力(kN)	槽钢连接件⑤ 设计压力(kN)	件数	槽钢连接件⑥ 壁厚(mm)	槽钢连接件⑥ 设计拉力(kN)	槽钢连接件⑥ 设计压力(kN)	件数
1	15~25	≥6.0	≤5.0	≤6.0	2	≥4.0	≤4.0	≤4.5	2	≥4.0	≤3.0	≤4.0	2
2	32												
3	40												
4	50												
5	65												
6	80												
7	100												
8	125												
9	150												

注：
1. 单管总重指两个装配式承重支吊架间的单根满水钢管总重量（含保温层）。
2. 槽钢立柱②、槽钢横梁③为C型槽钢。

三管双立柱承重吊架④-保温

图集号 18R417-2

页 66

材料明细表

序号	公称直径DN	吊架间距(m)	单管总重(kg)	扩底锚栓① 规格型号	件数	槽钢立柱② 规格型号	件数	槽钢横梁③ 规格型号	件数
1	15～25	2	10						
2	32	2	20						
3	40	3	30						
4	50	3	40	M10	4	41×41×2.0	2	41×41×2.0	2
5	65	3	50						
6	80	3	70						
7	100	3	90						
8	125	3	120						
9	150	3	160	M10	4	41×41×2.0	2	41×41×2.5	2

主视图

尺寸表

序号	公称直径DN	L_0	L_1	序号	公称直径DN	L_0	L_1
1	15	165	160	7	65	215	190
2	20	170	160	8	80	230	190
3	25	175	170	9	100	250	200
4	32	185	170	10	125	275	220
5	40	190	170	11	150	300	230
6	50	200	180				

连接件性能参数表

序号	公称直径DN	槽钢底座④ 壁厚(mm)	设计拉力(kN)	设计压力(kN)	件数	槽钢连接件⑤ 壁厚(mm)	设计拉力(kN)	设计压力(kN)	件数	槽钢连接件⑥ 壁厚(mm)	设计拉力(kN)	设计压力(kN)	件数
1	15～25												
2	32												
3	40												
4	50												
5	65	≥6.0	≤5.0	≤6.0	2	≥4.0	≤3.0	≤4.5	2	≥4.0	≤3.0	≤4.0	2
6	80												
7	100												
8	125												
9	150												

注：
1. 单管总重指两个装配式承重支吊架间的单根满水钢管总重量。
2. 槽钢立柱②、槽钢横梁③为C型槽钢。

三管双立柱承重吊架⑤-不保温

图集号 18R417-2
页 67

材料明细表

序号	公称直径DN	吊架间距(m)	单管总重(kg)	扩底锚栓① 规格型号	件数	槽钢立柱② 规格型号	件数	槽钢横梁③ 规格型号	件数
1	15~25	2	20						
2	32	2	30						
3	40	3	50	M10	4	41×41×2.0	2	41×41×2.0	2
4	50	3	70						
5	65	3	110						
6	80	3	130						
7	100	3	160	M10	4	41×41×2.0	2	41×41×2.5	2
8	125	3	210	M12	4	41×41×2.0	2	41×62×2.5	2
9	150	3	280						

主视图

尺寸表

序号	公称直径DN	L₀	L₁	序号	公称直径DN	L₀	L₁
1	15	325	240	7	65	415	290
2	20	330	240	8	80	430	290
3	25	335	250	9	100	450	300
4	32	345	250	10	125	475	320
5	40	350	250	11	150	500	330
6	50	360	260				

连接件性能参数表

序号	公称直径DN	槽钢底座④ 壁厚(mm)	设计拉力(kN)	设计压力(kN)	件数	槽钢连接件⑤ 壁厚(mm)	设计拉力(kN)	设计压力(kN)	件数	槽钢连接件⑥ 壁厚(mm)	设计拉力(kN)	设计压力(kN)	件数
1	15~25												
2	32												
3	40												
4	50												
5	65	≥6.0	≤5.0	≤6.0	2	≥4.0	≤3.0	≤4.0	2	≥4.0	≤4.0	≤4.5	2
6	80												
7	100												
8	125												
9	150												

注:
1. 单管总重指两个装配式承重支吊架间的单根满水钢管总重量(含保温层)。
2. 槽钢立柱②、槽钢横梁③为C型槽钢。

三管双立柱承重吊架⑤-保温

图集号 18R417-2

页 68

材料明细表

类型	序号	公称直径 DN	吊架间距 (m)	单管总重 (kg)	扩底锚栓① 规格型号	件数	通丝杆接头② 规格型号	件数	通丝杆③ 规格型号	件数	槽钢横梁④ 规格型号	件数
不保温	1	15~25	2	10	M10	2	M10	2	M10	2	41×41×2.0	1
	2	32	2	20								
	3	40	3	30								
	4	50	3	40								
	5	65	3	50								
	6	80	3	70								
	7	100	3	90	M10	2	M10	2	M10	2	41×62×2.0	1
	8	125	3	120								
	9	150	3	160	M12	2	M12	2	M12	2	41×82×2.5	1
保温	10	15~20	2	20	M10	2	M10	2	M10	2	41×41×2.0	1
	11	25~32	2	30								
	12	40	3	50								
	13	50	3	70	M10	2	M10	2	M10	2	41×62×2.0	1
	14	65	3	110	M10	2	M10	2	M10	2	41×62×2.75	1
	15	80	3	130	M10	2	M10	2	M10	2	41×82×2.5	1
	16	100	3	160	M12	2	M12	2	M12	2	41×124×2.0	1
	17	125	3	210								

主视图

尺寸表

序号	公称直径 DN	不保温 L_0	不保温 L_1	保温 L_0	保温 L_1
1	15	165	160	325	240
2	20	170	160	330	240
3	25	175	170	335	250
4	32	185	170	345	250
5	40	190	170	350	250
6	50	200	180	360	260
7	65	215	190	415	290
8	80	230	190	430	290
9	100	250	200	450	300
10	125	275	220	475	320
11	150	300	230		

注:
1. 单管总重指两个装配式承重支吊架间的单根满水钢管总重量（保温管含保温层）。
2. 槽钢横梁④为C型槽钢。

四管双通丝杆承重吊架①

图集号 18R417-2

页 69

材料明细表

类型	序号	公称直径 DN	吊架间距 (m)	单管总重 (kg)	扩底锚栓① 规格型号	件数	通丝杆接头② 规格型号	件数	通丝杆③ 规格型号	件数	槽钢横梁④ 规格型号	件数	通丝杆⑤ 规格型号	件数
不保温	1	15~25	2	10	M10	2	M10	2	M10	2	41×41×2.0	1	M10	1
	2	32	2	20										
	3	40	3	30										
	4	50	3	40										
	5	65	3	50										
	6	80	3	70	M10	2	M10	2	M10	2	41×41×2.5	1	M10	1
	7	100	3	90	M10	2	M10	2	M10	2	41×52×2.5	1	M10	1
	8	125	3	120	M10	2	M10	2	M10	2	41×62×2.0	1	M10	1
	9	150	3	160	M12	2	M12	2	M12	2	41×82×2.5	1	M10	1
保温	10	15~20	2	20	M10	2	M10	2	M10	2	41×41×2.0	1	M10	1
	11	25~32	2	30	M10	2	M10	2	M10	2	41×41×2.0	1	M10	1
	12	40	3	50	M10	2	M10	2	M10	2	41×41×2.5	1	M10	1
	13	50	3	70	M10	2	M10	2	M10	2	41×62×2.5	1	M10	1
	14	65	3	110	M10	2	M10	2	M10	2	41×62×2.75	1	M10	1
	15	80	3	130	M10	2	M10	2	M10	2	41×82×2.5	1	M10	1
	16	100	3	160	M12	2	M12	2	M12	2	41×124×2.0	1	M10	1
	17	125	3	210										

主视图

尺寸表

序号	公称直径 DN	不保温 L_0	不保温 L_1	保温 L_0	保温 L_1
1	15	165	160	325	240
2	20	170	160	330	240
3	25	175	170	335	250
4	32	185	170	345	250
5	40	190	170	350	250
6	50	200	180	360	260
7	65	215	190	415	290
8	80	230	190	430	290
9	100	250	200	450	300
10	125	275	220	475	320
11	150	300	230		

注:
1. 单管总重指两个装配式承重支吊架间的单根满水钢管总重量(保温管含保温层)。
2. 槽钢横梁④为C型槽钢。

四管双通丝杆承重吊架②

图集号 18R417-2

材料明细表

类型	序号	公称直径DN	吊架间距(m)	单管总重(kg)	扩底锚栓① 规格型号	件数	通丝杆接头② 规格型号	件数	通丝杆③ 规格型号	件数	槽钢横梁④ 规格型号	件数	通丝杆⑤ 规格型号	件数
不保温	1	15~25	2	10	M10	2	M10	2	M10	2	41×41×2.0	1	M10	2
	2	32	2	20										
	3	40	3	30										
	4	50	3	40										
	5	65	3	50										
	6	80	3	70										
	7	100	3	90										
	8	125	3	120	M10	2	M10	2	M10	2	41×52×2.5	1	M10	2
	9	150	3	160	M12	2	M12	2	M12	2	41×62×2.5	1	M10	2
保温	10	15~20	2	20	M10	2	M10	2	M10	2	41×41×2.0	1	M10	2
	11	25~32	2	30										
	12	40	3	50										
	13	50	3	70										
	14	65	3	110	M10	2	M10	2	M10	2	41×62×2.0	1	M10	2
	15	80	3	130										
	16	100	3	160	M12	2	M12	2	M12	2	41×62×2.75	1	M10	2
	17	125	3	210	M12	2	M12	2	M12	2	41×82×2.5	1	M10	2

主视图

尺寸表

序号	公称直径DN	不保温 L_0	不保温 L_1	保温 L_0	保温 L_1
1	15	165	160	325	240
2	20	170	160	330	240
3	25	175	170	335	250
4	32	185	170	345	250
5	40	190	170	350	250
6	50	200	180	360	260
7	65	215	190	415	290
8	80	230	190	430	290
9	100	250	200	450	300
10	125	275	220	475	320
11	150	300	230		

注：
1. 单管总重指两个装配式承重支吊架间的单根满水钢管总重量（保温管含保温层）。
2. 槽钢横梁④为C型槽钢。

四管双通丝杆承重吊架③

图集号 18R417-2

页 71

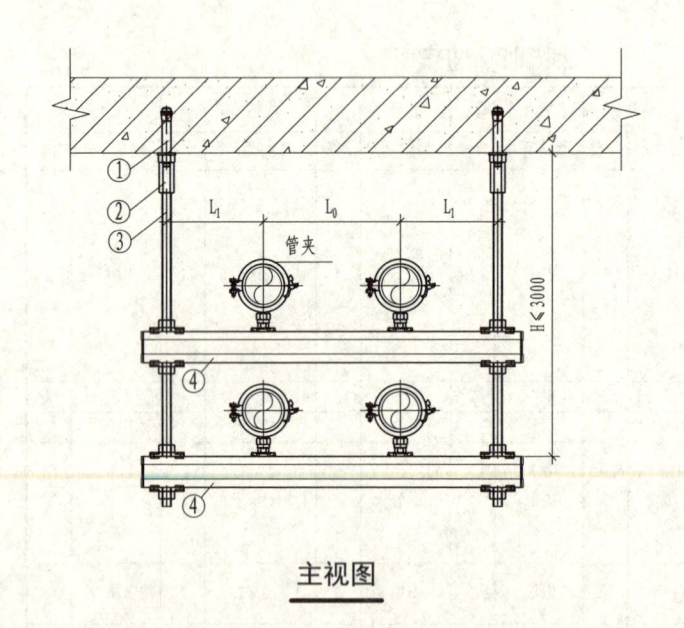

材料明细表

类型	序号	公称直径DN	吊架间距(m)	单管总重(kg)	扩底锚栓① 规格型号	件数	通丝杆接头② 规格型号	件数	通丝杆③ 规格型号	件数	槽钢横梁④ 规格型号	件数
不保温	1	15~25	2	10	M10	2	M10	2	M10	2	41×41×2.0	2
	2	32	2	20								
	3	40	3	30								
	4	50	3	40								
	5	65	3	50								
	6	80	3	70								
	7	100	3	90								
	8	125	3	120								
	9	150	3	160	M12	2	M12	2	M12	2	41×41×2.5	2
保温	10	15~20	2	20	M10	2	M10	2	M10	2	41×41×2.0	2
	11	25~32	2	30								
	12	40	3	50								
	13	50	3	70								
	14	65	3	110								
	15	80	3	130								
	16	100	3	160	M12	2	M12	2	M12	2	41×62×2.5	2
	17	125	3	210								

主视图

尺寸表

序号	公称直径DN	不保温 L0	不保温 L1	保温 L0	保温 L1	序号	公称直径DN	不保温 L0	不保温 L1	保温 L0	保温 L1
1	15	165	160	325	240	7	65	215	190	415	290
2	20	170	160	330	240	8	80	230	190	430	290
3	25	175	170	335	250	9	100	250	200	450	300
4	32	185	170	345	250	10	125	275	220	475	320
5	40	190	170	350	250	11	150	300	230		
6	50	200	180	360	260						

注: 1. 单管总重指两个装配式承重支吊架间的单根满水钢管总重量（保温管含保温层）。
2. 槽钢横梁④为C型槽钢。

四管双通丝杆承重吊架④

图集号 18R417-2
页 72

材料明细表

序号	公称直径DN	吊架间距(m)	单管总重(kg)	扩底锚栓① 规格型号	扩底锚栓① 件数	槽钢立柱② 规格型号	槽钢立柱② 件数	槽钢横梁③ 规格型号	槽钢横梁③ 件数
1	15~25	2	10						
2	32	2	20						
3	40	3	30	M10	4	41×41×2.0	2	41×41×2.0	1
4	50	3	40						
5	65	3	50						
6	80	3	70						
7	100	3	90	M10	4	41×41×2.0	2	41×62×2.0	1
8	125	3	120						
9	150	3	160	M10	4	41×41×2.0	2	41×82×2.5	1

主视图

尺寸表

序号	公称直径DN	L_0	L_1	序号	公称直径DN	L_0	L_1
1	15	165	160	7	65	215	190
2	20	170	160	8	80	230	190
3	25	175	170	9	100	250	200
4	32	185	170	10	125	275	220
5	40	190	170	11	150	300	230
6	50	200	180				

连接件性能参数表

序号	公称直径DN	槽钢底座④ 壁厚(mm)	槽钢底座④ 设计拉力(kN)	槽钢底座④ 设计压力(kN)	件数	槽钢连接件⑤ 壁厚(mm)	槽钢连接件⑤ 设计拉力(kN)	槽钢连接件⑤ 设计压力(kN)	件数
1	15~25								
2	32								
3	40								
4	50								
5	65	≥6.0	≤5.0	≤5.0	2	≥6.0	≤5.0	≤5.0	2
6	80								
7	100								
8	125								
9	150								

注：
1. 单管总重指两个装配式承重支吊架间的单根满水钢管总重量。
2. 槽钢立柱②、槽钢横梁③为C型槽钢。

四管双立柱承重吊架①-不保温

图集号 18R417-2
页 73

材料明细表

序号	公称直径DN	吊架间距(m)	单管总重(kg)	扩底锚栓① 规格型号	扩底锚栓① 件数	槽钢立柱② 规格型号	槽钢立柱② 件数	槽钢横梁③ 规格型号	槽钢横梁③ 件数
1	15~25	2	20	M10	4	41×41×2.0	2	41×41×2.0	1
2	32	2	30						
3	40	3	50						
4	50	3	70	M10	4	41×41×2.0	2	41×62×2.0	1
5	65	3	110	M10	4	41×41×2.0	2	41×62×2.5	1
6	80	3	130	M10	4	41×41×2.0	2	41×82×2.5	1
7	100	3	160	M12	4	41×41×2.0	2	41×124×2.0	1
8	125	3	210						
9	150	3	280	M12	4	41×41×2.0	2	41×124×2.75	1

主视图

尺寸表

序号	公称直径DN	L_0	L_1	序号	公称直径DN	L_0	L_1
1	15	325	240	7	65	415	290
2	20	330	240	8	80	430	290
3	25	335	250	9	100	450	300
4	32	345	250	10	125	475	320
5	40	350	250	11	150	500	330
6	50	360	260				

连接件性能参数表

序号	公称直径DN	槽钢底座④ 壁厚(mm)	槽钢底座④ 设计拉力(kN)	槽钢底座④ 设计压力(kN)	槽钢底座④ 件数	槽钢连接件⑤ 壁厚(mm)	槽钢连接件⑤ 设计拉力(kN)	槽钢连接件⑤ 设计压力(kN)	槽钢连接件⑤ 件数
1	15~25								
2	32								
3	40								
4	50	≥6.0	≤5.0	≤5.0	2	≥6.0	≤5.0	≤5.0	2
5	65								
6	80								
7	100								
8	125	≥6.0	≤9.0	≤9.0	2	≥6.0	≤9.0	≤9.0	2
9	150								

注：1. 单管总重指两个装配式承重支吊架间的单根满水钢管总重量（含保温层）。
2. 槽钢立柱②、槽钢横梁③为C型槽钢。

四管双立柱承重吊架①-保温

图集号 18R417-2

主视图

H≤3000

材料明细表

序号	公称直径DN	吊架间距(m)	单管总重(kg)	扩底锚栓① 规格型号	件数	槽钢立柱② 规格型号	件数	槽钢横梁③ 规格型号	件数	通丝杆④ 规格型号	件数
1	15～25	2	10								
2	32	2	20								
3	40	3	30	M10	4	41×41×2.0	2	41×41×2.0	1	M10	1
4	50	3	40								
5	65	3	50								
6	80	3	70	M10	4	41×41×2.0	2	41×41×2.5	1	M10	1
7	100	3	90	M10	4	41×41×2.0	2	41×52×2.5	1	M10	1
8	125	3	120	M10	4	41×41×2.0	2	41×62×2.0	1	M10	1
9	150	3	160	M12	4	41×41×2.0	2	41×82×2.5	1	M10	1

尺寸表

序号	公称直径DN	L_0	L_1	序号	公称直径DN	L_0	L_1
1	15	165	160	7	65	215	190
2	20	170	160	8	80	230	190
3	25	175	170	9	100	250	200
4	32	185	170	10	125	275	220
5	40	190	170	11	150	300	230
6	50	200	180				

连接件性能参数表

序号	公称直径DN	槽钢底座⑤ 壁厚(mm)	设计拉力(kN)	设计压力(kN)	件数	槽钢连接件⑥ 壁厚(mm)	设计拉力(kN)	设计压力(kN)	件数	槽钢连接件⑦ 壁厚(mm)	设计拉力(kN)	设计压力(kN)	件数
1	15～25												
2	32												
3	40												
4	50												
5	65	≥6.0	≤5.0	≤5.0	2	≥4.0	≤3.7	≤3.7	2	≥4.0	≤3.7	≤3.7	2
6	80												
7	100												
8	125												
9	150												

注：
1. 单管总重指两个装配式承重支吊架间的单根满水钢管总重量。
2. 槽钢立柱②、槽钢横梁③为C型槽钢。

四管双立柱承重吊架②-不保温

图集号 18R417-2

页 75

材料明细表

序号	公称直径DN	吊架间距(m)	单管总重(kg)	扩底锚栓① 规格型号	件数	槽钢立柱② 规格型号	件数	槽钢横梁③ 规格型号	件数	通丝杆④ 规格型号	件数
1	15~25	2	20	M10	4	41×41×2.0	2	41×41×2.0	1	M10	1
2	32	2	30	M10	4	41×41×2.0	2	41×41×2.0	1	M10	1
3	40	3	50	M10	4	41×41×2.0	2	41×41×2.5	1	M10	1
4	50	3	70	M10	4	41×41×2.0	2	41×62×2.5	1	M10	1
5	65	3	110	M10	4	41×41×2.0	2	41×62×2.75	1	M10	1
6	80	3	130	M10	4	41×41×2.0	2	41×82×2.5	1	M10	1
7	100	3	160	M12	4	41×41×2.0	2	41×124×2.0	1	M10	1
8	125	3	210	M12	4	41×41×2.0	2	41×124×2.0	1	M10	1
9	150	3	280	M12	4	41×41×2.0	2	41×124×2.75	1	M10	1

主视图

尺寸表

序号	公称直径DN	L_0	L_1	序号	公称直径DN	L_0	L_1
1	15	325	240	7	65	415	290
2	20	330	240	8	80	430	290
3	25	335	250	9	100	450	300
4	32	345	250	10	125	475	320
5	40	350	250	11	150	500	330
6	50	360	260				

连接件性能参数表

序号	公称直径DN	槽钢底座⑤ 壁厚(mm)	设计拉力(kN)	设计压力(kN)	件数	槽钢连接件⑥ 壁厚(mm)	设计拉力(kN)	设计压力(kN)	件数	槽钢连接件⑦ 壁厚(mm)	设计拉力(kN)	设计压力(kN)	件数
1	15~25												
2	32												
3	40												
4	50	≥6.0	≤5.0	≤5.0	2	≥4.0	≤3.7	≤3.7	2	≥4.0	≤3.7	≤3.7	2
5	65												
6	80												
7	100												
8	125	≥6.0	≤9.0	≤9.0	2	≥6.0	≤6.0	≤6.0	2	≥6.0	≤6.0	≤6.0	2
9	150												

注:
1. 单管总重指两个装配式承重支吊架间的单根满水钢管总重量(含保温层)。
2. 槽钢立柱②、槽钢横梁③为C型槽钢。

四管双立柱承重吊架②-保温

图集号 18R417-2
页 76

主视图

尺寸表

序号	公称直径DN	L_0	L_1	序号	公称直径DN	L_0	L_1
1	15	165	160	7	65	215	190
2	20	170	160	8	80	230	190
3	25	175	170	9	100	250	200
4	32	185	170	10	125	275	220
5	40	190	170	11	150	300	230
6	50	200	180				

注：
1. 单管总重指两个装配式承重支吊架间的单根满水钢管总重量。
2. 槽钢立柱②、槽钢横梁③为C型槽钢。

材料明细表

序号	公称直径DN	吊架间距(m)	单管总重(kg)	扩底锚栓① 规格型号	件数	槽钢立柱② 规格型号	件数	槽钢横梁③ 规格型号	件数	通丝杆④ 规格型号	件数
1	15~25	2	10								
2	32	2	20								
3	40	3	30								
4	50	3	40	M10	4	41×41×2.0	2	41×41×2.0	1	M10	2
5	65	3	50								
6	80	3	70								
7	100	3	90								
8	125	3	120	M12	4	41×41×2.0	2	41×52×2.5	1	M10	2
9	150	3	160	M12	4	41×41×2.0	2	41×62×2.5	1	M10	2

连接件性能参数表

序号	公称直径DN	槽钢底座⑤ 壁厚(mm)	设计拉力(kN)	设计压力(kN)	件数	槽钢连接件⑥ 壁厚(mm)	设计拉力(kN)	设计压力(kN)	件数	槽钢连接件⑦ 壁厚(mm)	设计拉力(kN)	设计压力(kN)	件数
1	15~25												
2	32												
3	40												
4	50												
5	65	≥6.0	≤5.0	≤5.0	2	≥4.0	≤3.7	≤3.7	2	≥4.0	≤3.7	≤3.7	2
6	80												
7	100												
8	125												
9	150												

四管双立柱承重吊架③-不保温

图集号 18R417-2

主视图

材料明细表

序号	公称直径DN	吊架间距(m)	单管总重(kg)	扩底锚栓① 规格型号	件数	槽钢立柱② 规格型号	件数	槽钢横梁③ 规格型号	件数	通丝杆④ 规格型号	件数
1	15~25	2	20	M10	4	41×41×2.0	2	41×41×2.0	1	M10	2
2	32	2	30								
3	40	3	50								
4	50	3	70								
5	65	3	110	M10	4	41×41×2.0	2	41×62×2.0	1	M10	2
6	80	3	130								
7	100	3	160	M12	4	41×41×2.0	2	41×62×2.5	1	M10	2
8	125	3	210	M12	4	41×41×2.0	2	41×82×2.5	1	M10	2
9	150	3	280	M12	4	41×41×2.0	2	41×104×2.5	1	M10	2

尺寸表

序号	公称直径DN	L_0	L_1	序号	公称直径DN	L_0	L_1
1	15	325	240	7	65	415	290
2	20	330	240	8	80	430	290
3	25	335	250	9	100	450	300
4	32	345	250	10	125	475	320
5	40	350	250	11	150	500	330
6	50	360	260				

连接件性能参数表

序号	公称直径DN	槽钢底座⑤ 壁厚(mm)	设计拉力(kN)	设计压力(kN)	件数	槽钢连接件⑥ 壁厚(mm)	设计拉力(kN)	设计压力(kN)	件数	槽钢连接件⑦ 壁厚(mm)	设计拉力(kN)	设计压力(kN)	件数
1	15~25												
2	32												
3	40												
4	50	≥6.0	≤5.0	≤5.0	2	≥4.0	≤3.7	≤3.7	2	≥4.0	≤3.7	≤3.7	2
5	65												
6	80												
7	100												
8	125	≥6.0	≤9.0	≤9.0	2	≥4.0	≤4.0	≤4.0	2	≥4.0	≤4.0	≤4.0	2
9	150												

注：
1. 单管总重指两个装配式承重支吊架间的单根满水钢管总重量（含保温层）。
2. 槽钢立柱②、槽钢横梁③为C型槽钢。

四管双立柱承重吊架③-保温

图集号 18R417-2

材料明细表

序号	公称直径 DN	吊架间距（m）	单管总重（kg）	扩底锚栓① 规格型号	扩底锚栓① 件数	槽钢立柱② 规格型号	槽钢立柱② 件数	槽钢横梁③ 规格型号	槽钢横梁③ 件数
1	15~25	2	10	M10	4	41×41×2.0	2	41×41×2.0	2
2	32	2	20						
3	40	3	30						
4	50	3	40						
5	65	3	50						
6	80	3	70						
7	100	3	90						
8	125	3	120						
9	150	3	160	M12	4	41×41×2.0	2	41×41×2.5	2

主视图

尺寸表

序号	公称直径DN	L_0	L_1	序号	公称直径DN	L_0	L_1
1	15	165	160	7	65	215	190
2	20	170	160	8	80	230	190
3	25	175	170	9	100	250	200
4	32	185	170	10	125	275	220
5	40	190	170	11	150	300	230
6	50	200	180				

连接件性能参数表

序号	公称直径 DN	槽钢底座④ 壁厚(mm)	槽钢底座④ 设计拉力(kN)	槽钢底座④ 设计压力(kN)	件数	槽钢连接件⑤ 壁厚(mm)	槽钢连接件⑤ 设计拉力(kN)	槽钢连接件⑤ 设计压力(kN)	件数	槽钢连接件⑥ 壁厚(mm)	槽钢连接件⑥ 设计拉力(kN)	槽钢连接件⑥ 设计压力(kN)	件数
1	15~25	≥6.0	≤5.0	≤5.0	2	≥4.0	≤3.7	≤3.7	2	≥4.0	≤3.7	≤3.7	2
2	32												
3	40												
4	50												
5	65												
6	80												
7	100												
8	125												
9	150												

注：
1. 单管总重指两个装配式承重支吊架间的单根满水钢管总重量。
2. 槽钢立柱②、槽钢横梁③为C型槽钢。

四管双立柱承重吊架④-不保温

图集号 18R417-2
页 79

材料明细表

序号	公称直径DN	吊架间距（m）	单管总重（kg）	扩底锚栓① 规格型号	件数	槽钢立柱② 规格型号	件数	槽钢横梁③ 规格型号	件数
1	15～25	2	20						
2	32	2	30						
3	40	3	50	M10	2	41×41×2.0	2	41×41×2.0	2
4	50	3	70						
5	65	3	110						
6	80	3	130						
7	100	3	160	M10	2	41×41×2.0	2	41×41×2.5	2
8	125	3	210	M12	2	41×41×2.0	2	41×62×2.5	2
9	150	3	280						

主视图

尺寸表

序号	公称直径DN	L_0	L_1	序号	公称直径DN	L_0	L_1
1	15	325	240	7	65	415	290
2	20	330	240	8	80	430	290
3	25	335	250	9	100	450	300
4	32	345	250	10	125	475	320
5	40	350	250	11	150	500	330
6	50	360	260				

连接件性能参数表

序号	公称直径DN	槽钢底座④ 壁厚（mm）	设计拉力（kN）	设计压力（kN）	件数	槽钢连接件⑤ 壁厚（mm）	设计拉力（kN）	设计压力（kN）	件数	槽钢连接件⑥ 壁厚（mm）	设计拉力（kN）	设计压力（kN）	件数
1	15～25												
2	32												
3	40												
4	50	≥6.0	≤5.0	≤5.0	2	≥4.0	≤3.7	≤3.7	2	≥4.0	≤3.7	≤3.7	2
5	65												
6	80												
7	100												
8	125	≥6.0	≤9.0	≤9.0	2	≥4.0	≤3.7	≤3.7	2	≥4.0	≤3.7	≤3.7	2
9	150	≥6.0	≤9.0	≤9.0	2	≥4.0	≤4.0	≤4.0	2	≥4.0	≤4.0	≤4.0	2

注：
1. 单管总重指两个装配式承重支吊架间的单根满水钢管总重量（含保温层）。
2. 槽钢立柱②、槽钢横梁③为C型槽钢。

四管双立柱承重吊架④-保温

图集号 18R417-2

材料明细表

	序号	公称直径 DN	吊架间距 (m)	管总重 (kg)	扩底锚栓① 规格型号	件数	通丝杆接头② 规格型号	件数	通丝杆③ 规格型号	件数	槽钢横梁④ 规格型号	件数	滑动管夹⑤ 轴向位移	侧向位移	件数
不保温	1	65	3	50	M10	2	M10	2	M10	2	41×41×2.0	1	≤100	≤40	1
	2	80	3	70											
	3	100	3	90											
	4	125	3	120											
保温	5	40	3	50	M10	2	M10	2	M10	2	41×41×2.0	1	≤100	≤40	1
	6	50	3	70											
	7	65	3	110											
	8	80	3	130											

主视图

尺寸表

序号	公称直径 DN	L 不保温	L 保温
1	40	-	400
2	50	-	410
3	65	270	470
4	80	280	480
5	100	300	-
6	125	330	-

注：
1. 单管总重指两个装配式承重支吊架间的单根满水钢管总重量（保温管含保温层）。
2. 滑动管夹应考虑承重，并应考虑放大系数，放大系数根据项目实际确定。
3. 槽钢横梁④为C型槽钢。

单管双通丝杆滑动吊架①

图集号 18R417-2

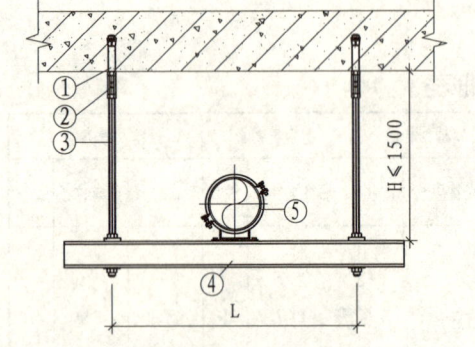

材料明细表

序号	公称直径 DN	吊架间距 (m)	管总重 (kg)	扩底锚栓① 规格型号	件数	通丝杆接头② 规格型号	件数	通丝杆③ 规格型号	件数	槽钢横梁④ 规格型号	件数	滑动管夹⑤ 轴向位移	侧向位移	件数
不保温 1	50	3	80											
2	65	6	100	M10	2	M10	2	M10	2	41×21×2.5	1			
3	80	6	140									≤100	≤40	1
4	100	6	180											
5	125	6	230	M10	2	M10	2	M10	2	41×41×2.0	1			
6	150	6	320											
7	200	6	600	M12	2	M12	2	M12	2	41×62×2.5	1			
保温 8	50	3	70											
9	65	3	110	M10	2	M10	2	M10	2	41×41×2.0	1			
10	80	3	130									≤100	≤40	1
11	100	3	160											
12	125	3	420	M10	2	M10	2	M10	2	41×52×2.5	1			
13	150	3	550	M12	2	M12	2	M12	2	41×62×2.5	1			
14	200	6	970	M12	2	M12	2	M12	2	41×104×2.5	1			

主视图（不保温）

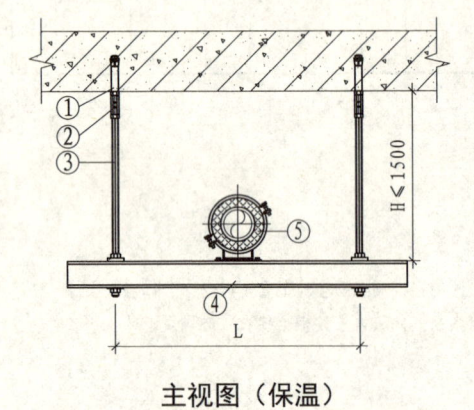

主视图（保温）

尺寸表

序号	公称直径 DN	L 不保温	L 保温
1	50	250	410
2	65	270	470
3	80	280	480
4	100	300	500
5	125	330	530
6	150	350	550
7	200	400	640

注：
1. 单管总重指两个装配式承重支吊架间的单根满水钢管总重量（保温管含保温层）。
2. 滑动管夹应考虑承重，并应考虑放大系数，放大系数根据项目实际确定。
3. 槽钢横梁④为C型槽钢。

单管双通丝杆滑动吊架②

图集号 18R417-2

材料明细表

	序号	公称直径DN	吊架间距(m)	管总重(kg)	扩底锚栓① 规格型号	件数	槽钢立柱② 规格型号	件数	槽钢横梁③ 规格型号	件数	滑动管夹④ 轴向位移	侧向位移	件数
不保温	1	65	3	50	M10	4	41×41×2.0	2	41×41×2.0	1	≤100	≤40	1
	2	80	3	70									
	3	100	3	90									
	4	125	3	120	M12	4	41×41×2.0	2	41×41×2.0	1			
保温	5	40	3	50	M10	4	41×41×2.0	2	41×41×2.0	1	≤100	≤40	1
	6	50	3	70									
	7	65	3	110									
	8	80	3	130									
	9	100	3	160									
	10	125	3	210	M12	4	41×41×2.0	2	41×41×2.5	1			

主视图

尺寸表

序号	公称直径DN	L 不保温	L 保温
1	40	−	400
2	50	−	410
3	65	270	470
4	80	280	480
5	100	300	500
6	125	330	530

连接件性能参数表

	序号	公称直径DN	槽钢底座⑤ 壁厚(mm)	设计拉力(kN)	设计压力(kN)	件数	槽钢连接件⑥ 壁厚(mm)	设计拉力(kN)	设计压力(kN)	件数	槽钢连接件⑦ 壁厚(mm)	设计拉力(kN)	设计压力(kN)	件数
不保温	1	65	≥6.0	≤5.0	≤6.0	2	≥4.0	≤3.0	≤4.5	2	≥4.0	≤3.0	≤4.0	2
	2	80												
	3	100												
	4	125												
保温	5	40	≥6.0	≤5.0	≤6.0	2	≥4.0	≤3.0	≤4.5	2	≥4.0	≤3.0	≤4.0	2
	6	50												
	7	65												
	8	80												
	9	100												
	10	125												

注：
1. 单管总重指两个装配式承重支吊架间的单根满水钢管总重量（保温管含保温层）。
2. 滑动管夹应考虑承重，并应考虑放大系数，放大系数根据项目实际确定。
3. 槽钢立柱②、槽钢横梁③为C型槽钢。

单管双立柱滑动吊架①

图集号 18R417-2

页 83

材料明细表

序号	公称直径 DN	吊架间距（m）	管总重（kg）	扩底锚栓① 规格型号	件数	槽钢立柱② 规格型号	件数	槽钢横梁③ 规格型号	件数	滑动管夹④ 轴向位移	侧向位移	件数
1	50	3	40									
2	65	6	100									
3	80	6	140	M10	4	41×41×2.0	2	41×41×2.0	1	≤100	≤40	1
4	100	6	180									
5	125	6	240									
6	150	6	320									
7	200	6	600	M12	4	41×41×2.0	2	41×62×2.5	1	≤100	≤40	1

主视图

尺寸表

序号	公称直径 DN	L
1	50	250
2	65	270
3	80	280
4	100	300
5	125	330
6	150	350
7	200	400

连接件性能参数表

序号	公称直径 DN	槽钢底座⑤ 壁厚（mm）	设计拉力（kN）	设计压力（kN）	件数	槽钢连接件⑥ 壁厚（mm）	设计拉力（kN）	设计压力（kN）	件数	槽钢连接件⑦ 壁厚（mm）	设计拉力（kN）	设计压力（kN）	件数
1	50												
2	65												
3	80												
4	100	≥6.0	≤5.0	≤6.0	2	≥4.0	≤3.0	≤4.5	2	≥4.0	≤3.0	≤4.0	2
5	125												
6	150												
7	200												

注：
1. 单管总重指两个装配式承重支吊架间的单根满水钢管总重量。
2. 滑动管夹应考虑承重，并应考虑放大系数，放大系数根据项目实际确定。
3. 槽钢立柱②、槽钢横梁③为C型槽钢。

单管双立柱滑动吊架②-不保温

图集号 18R417-2
页 84

材料明细表

序号	公称直径DN	吊架间距(m)	管总重(kg)	扩底锚栓① 规格型号	件数	槽钢立柱② 规格型号	件数	槽钢横梁③ 规格型号	件数	滑动管夹④ 轴向位移	侧向位移	件数
1	50	3	70									
2	65	3	110									
3	80	3	130	M10	4	41×41×2.0	2	41×41×2.0	1	≤100	≤40	1
4	100	3	160									
5	125	3	210									
6	150	6	550	M10	4	41×41×2.0	2	41×62×2.5	1	≤100	≤40	1
7	200	6	970	M12	4	41×41×2.0	2	41×104×2.5	1	≤100	≤40	1

主视图

尺寸表

序号	公称直径DN	L
1	50	410
2	65	470
3	80	480
4	100	500
5	125	530
6	150	550
7	200	640

注：
1. 单管总重指两个装配式承重支吊架间的单根满水钢管总重量(含保温层)。
2. 滑动管夹应考虑承重，并应考虑放大系数，放大系数根据项目实际确定。
3. 槽钢立柱②、槽钢横梁③为C型槽钢。

连接件性能参数表

序号	公称直径DN	槽钢底座⑤ 壁厚(mm)	设计拉力(kN)	设计压力(kN)	件数	槽钢连接件⑥ 壁厚(mm)	设计拉力(kN)	设计压力(kN)	件数	槽钢连接件⑦ 壁厚(mm)	设计拉力(kN)	设计压力(kN)	件数
1	50												
2	65												
3	80												
4	100	≥6.0	≤5.0	≤6.0	2	≥4.0	≤3.0	≤4.5	2	≥4.0	≤3.0	≤4.0	2
5	125												
6	150												
7	200	≥6.0	≤9.0	≤9.0	2	≥4.0	≤4.5	≤4.5	2	≥4.0	≤4.5	≤4.5	2

单管双立柱滑动吊架②-保温

图集号 18R417-2

页 85

材料明细表

序号		公称直径 DN	吊架间距 (m)	管总重 (kg)	扩底锚栓①		槽钢悬臂②		钢板底座③		滑动管夹④		
					规格型号	件数	规格型号	件数	厚度(mm)	件数	轴向位移	侧向位移	件数
不保温	1	15~25	2	10	M10	2	41×41×2.0	1	≥8.0	1	≤100	≤40	1
	2	32	2	20									
	3	40	3	30									
	4	50	3	40									
	5	65	3	50									
保温	6	15~20	2	20	M10	2	41×41×2.0	1	≥8.0	1	≤100	≤40	1
	7	25~32	2	30									
	8	40	3	50									
	9	50	3	70									

主视图

尺寸表

序号	公称直径 DN	不保温		保温	
		L_0	L_1	L_0	L_1
1	15	320	160	480	240
2	20	320	160	480	240
3	25	330	170	490	250
4	32	340	170	500	250
5	40	340	170	500	250
6	50	350	180	510	260
7	65	370	190	—	—

注：
1. 单管总重指两个装配式承重支吊架间的单根满水钢管总重量（保温管含保温层）。
2. 滑动管夹应考虑承重，并应考虑放大系数，放大系数根据项目实际确定。
3. 槽钢悬臂②为C型槽钢。
4. 钢板底座③与槽钢悬臂②为一整体。

单管单悬臂滑动支架

主视图

$H \leqslant 3000$

材料明细表

序号	公称直径 DN	吊架间距 (m)	单管总重 (kg)	扩底锚栓① 规格型号	件数	槽钢立柱② 规格型号	件数	槽钢横梁③ 规格型号	件数	滑动管夹④ 轴向位移	侧向位移	件数
1	15~25	2	10									
2	32	2	20									
3	40	3	30	M10	4	41×41×2.0	2	41×41×2.0	1			
4	50	3	40							≤100	≤40	2
5	65	3	50									
6	80	3	70	M12	4	41×41×2.0	2	41×41×2.0	1			
7	100	3	90									
8	125	3	120	M12	4	41×41×2.0	2	41×62×2.5	1			

尺寸表

序号	公称直径 DN	L_0	L_1	序号	公称直径 DN	L_0	L_1
1	15	165	160	6	50	200	180
2	20	170	160	7	65	215	190
3	25	175	170	8	80	230	190
4	32	185	170	9	100	250	200
5	40	190	170	10	125	275	220

连接件性能参数表

序号	公称直径 DN	槽钢底座⑤ 壁厚(mm)	设计拉力(kN)	设计压力(kN)	件数	槽钢连接件⑥ 壁厚(mm)	设计拉力(kN)	设计压力(kN)	件数	槽钢连接件⑦ 壁厚(mm)	设计拉力(kN)	设计压力(kN)	件数
1	15												
2	20												
3	25												
4	32												
5	40	≥6.0	≤5.0	≤6.0	2	≥4.0	≤3.0	≤4.5	2	≥4.0	≤3.0	≤4.0	2
6	50												
7	65												
8	80												
9	100												
10	125												

注：
1. 单管总重指两个装配式承重支吊架间的单根满水钢管总重量。
2. 滑动管夹应考虑承重，并应考虑放大系数，放大系数根据项目实际确定。
3. 槽钢立柱②、槽钢横梁③为C型槽钢。

双管双立柱滑动吊架①-不保温

图集号 18R417-2

主视图

材料明细表

序号	公称直径 DN	吊架间距 (m)	单管总重 (kg)	扩底锚栓① 规格型号	件数	槽钢立柱② 规格型号	件数	槽钢横梁③ 规格型号	件数	滑动管夹④ 轴向位移	侧向位移	件数
1	15~25	2	20	M10	4	41×41×2.0	2	41×41×2.0	1	≤100	≤40	2
2	32	2	30	M10	4	41×41×2.0	2	41×41×2.0	1	≤100	≤40	2
3	40	3	50	M10	4	41×41×2.0	2	41×41×2.0	1	≤100	≤40	2
4	50	3	70	M10	4	41×41×2.0	2	41×41×2.0	1	≤100	≤40	2
5	65	3	110	M10	4	41×41×2.0	2	41×41×2.0	1	≤100	≤40	2
6	80	3	130	M10	4	41×41×2.0	2	41×41×2.0	1	≤100	≤40	2
7	100	3	160	M12	4	41×41×2.0	2	41×41×2.5	1	≤100	≤40	2
8	125	3	210	M12	4	41×41×2.0	2	41×62×2.5	1	≤100	≤40	2

尺寸表

序号	公称直径 DN	L_0	L_1	序号	公称直径 DN	L_0	L_1
1	15	325	240	6	50	360	260
2	20	330	240	7	65	415	290
3	25	335	250	8	80	430	290
4	32	345	250	9	100	450	300
5	40	350	250	10	125	475	320

连接件性能参数表

序号	公称直径 DN	槽钢底座⑤ 壁厚 (mm)	设计拉力 (kN)	设计压力 (kN)	件数	槽钢连接件⑥ 壁厚 (mm)	设计拉力 (kN)	设计压力 (kN)	件数	槽钢连接件⑦ 壁厚 (mm)	设计拉力 (kN)	设计压力 (kN)	件数
1	15												
2	20												
3	25												
4	32												
5	40	≥6.0	≤5.0	≤6.0	2	≥4.0	≤3.0	≤4.5	2	≥4.0	≤3.0	≤4.0	2
6	50												
7	65												
8	80												
9	100												
10	125												

注：
1. 单管总重指两个装配式承重支吊架间的单根满水钢管总重量（含保温层）。
2. 滑动管夹应考虑承重，并应考虑放大系数，放大系数根据项目实际确定。
3. 槽钢立柱②、槽钢横梁③为C型槽钢。

双管双立柱滑动吊架①-保温

图集号 18R417-2

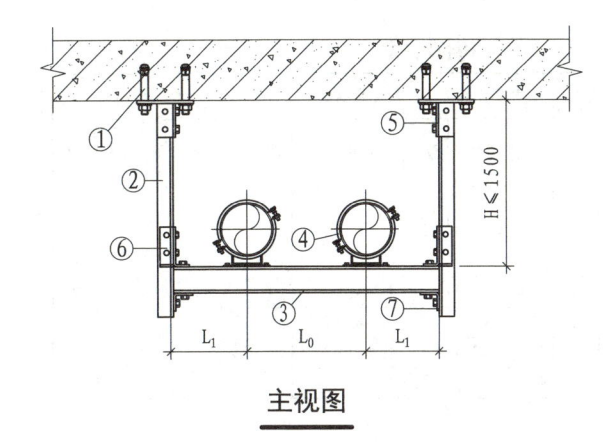

主视图

尺寸表

序号	公称直径DN	L_0	L_1
1	50	200	180
2	65	215	190
3	80	230	190
4	100	250	200
5	125	275	220
6	150	300	230
7	200	350	250

注：
1. 单管总重指两个装配式承重支吊架间的单根满水钢管总重量。
2. 滑动管夹应考虑承重，并应考虑放大系数，放大系数根据项目实际确定。
3. 槽钢立柱②、槽钢横梁③为C型槽钢。

材料明细表

序号	公称直径DN	吊架间距(m)	单管总重(kg)	扩底锚栓① 规格型号	件数	槽钢立柱② 规格型号	件数	槽钢横梁③ 规格型号	件数	滑动管夹④ 轴向位移	侧向位移	件数
1	50	3	40	M10	4	41×41×2.0	2	41×41×2.0	1	≤100	≤40	2
2	65	6	100	M10	4	41×41×2.0	2	41×41×2.0	1	≤100	≤40	2
3	80	6	140	M10	4	41×41×2.0	2	41×41×2.0	1	≤100	≤40	2
4	100	6	180	M10	4	41×41×2.0	2	41×41×2.0	1	≤100	≤40	2
5	125	6	240	M10	4	41×41×2.0	2	41×62×2.5	1	≤100	≤40	2
6	150	6	320	M12	4	41×41×2.0	2	41×82×2.5	1	≤100	≤40	2
7	200	6	600	M12	4	41×41×2.0	2	41×82×2.5	1	≤100	≤40	2

连接件性能参数表

序号	公称直径DN	槽钢底座⑤ 壁厚(mm)	设计拉力(kN)	设计压力(kN)	件数	槽钢连接件⑥ 壁厚(mm)	设计拉力(kN)	设计压力(kN)	件数	槽钢连接件⑦ 壁厚(mm)	设计拉力(kN)	设计压力(kN)	件数
1	50												
2	65												
3	80	≥6.0	≤5.0	≤6.0	2	≥4.0	≤3.0	≤4.5	2	≥4.0	≤3.0	≤4.0	2
4	100												
5	125												
6	150												
7	200	≥6.0	≤9.0	≤9.0	2	≥4.0	≤4.5	≤4.5	2	≥4.0	≤4.5	≤4.0	2

双管双立柱滑动吊架②-不保温

图集号 18R417-2
页 89

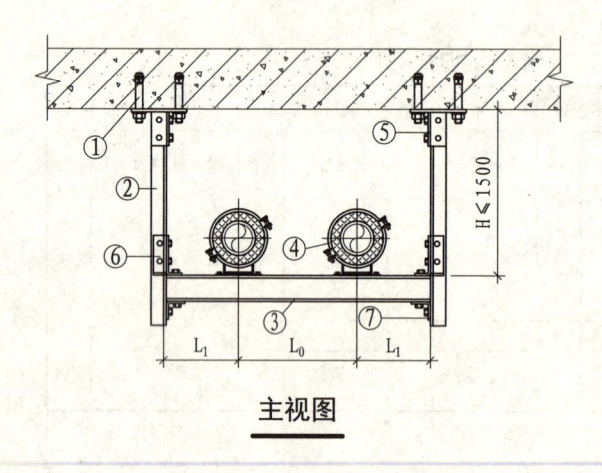

主视图

材料明细表

序号	公称直径DN	吊架间距(m)	单管总重(kg)	扩底锚栓① 规格型号	件数	槽钢立柱② 规格型号	件数	槽钢横梁③ 规格型号	件数	滑动管夹④ 轴向位移	侧向位移	件数
1	50	3	70									
2	65	3	110	M10	4	41×41×2.0	2	41×41×2.0	1			
3	80	3	130									
4	100	3	160	M10	4	41×41×2.0	2	41×41×2.5	1	≤100	≤40	2
5	125	3	210	M10	4	41×41×2.0	2	41×62×2.5	1			
6	150	3	280	M10	4	41×41×2.0	2	41×62×2.75	1			
7	200	3	490	M12	4	41×41×2.0	2	41×124×2.5	1			

尺寸表

序号	公称直径DN	L_0	L_1
1	50	360	260
2	65	415	290
3	80	430	290
4	100	450	300
5	125	475	320
6	150	500	330
7	200	590	370

连接件性能参数表

序号	公称直径DN	槽钢底座⑤ 壁厚(mm)	设计拉力(kN)	设计压力(kN)	件数	槽钢连接件⑥ 壁厚(mm)	设计拉力(kN)	设计压力(kN)	件数	槽钢连接件⑦ 壁厚(mm)	设计拉力(kN)	设计压力(kN)	件数
1	50												
2	65												
3	80	≥6.0	≤5.0	≤6.0	2	≥4.0	≤3.0	≤4.5	2	≥4.0	≤3.0	≤4.0	2
4	100												
5	125												
6	150												
7	200	≥6.0	≤9.0	≤9.0	2	≥4.0	≤4.5	≤4.5	2	≥4.0	≤4.5	≤4.0	2

注：
1. 单管总重指两个装配式承重支吊架间的单根满水钢管总重量（含保温层）。
2. 滑动管夹应考虑承重，并应考虑放大系数，放大系数根据项目实际确定。
3. 槽钢立柱②、槽钢横梁③为C型槽钢。

双管双立柱滑动吊架②-保温

图集号 18R417-2
页 90

材料明细表

序号	公称直径DN	吊架间距(m)	单管总重(kg)	扩底锚栓① 规格型号	件数	槽钢立柱② 规格型号	件数	槽钢横梁③ 规格型号	件数	滑动管夹④ 轴向位移	侧向位移	件数
1	15~25	2	10	M10	4	41×41×2.0	2	41×41×2.0	2	≤100	≤40	2
2	32	2	20									
3	40	3	30									
4	50	3	40									
5	65	6	100									
6	80	6	140	M12	4	41×41×2.0	2	41×41×2.0	2			
7	100	6	180									
8	125	6	240									

尺寸表

序号	公称直径DN	L	序号	公称直径DN	L
1	15	220	6	50	250
2	20	220	7	65	270
3	25	230	8	80	280
4	32	240	9	100	300
5	40	240	10	125	330

主视图

连接件性能参数表

序号	公称直径DN	槽钢底座⑤ 壁厚(mm)	设计拉力(kN)	设计压力(kN)	件数	槽钢连接件⑥ 壁厚(mm)	设计拉力(kN)	设计压力(kN)	件数	槽钢连接件⑦ 壁厚(mm)	设计拉力(kN)	设计压力(kN)	件数
1	15												
2	20												
3	25												
4	32												
5	40	≥6.0	≤5.0	≤6.0	2	≥4.0	≤3.0	≤4.5	4	≥4.0	≤3.0	≤4.0	4
6	50												
7	65												
8	80												
9	100												
10	125												

注:
1. 单管总重指两个装配式承重支吊架间的单根满水钢管总重量。
2. 滑动管夹应考虑承重,并应考虑放大系数,放大系数根据项目实际确定。
3. 槽钢立柱②、槽钢横梁③为C型槽钢。

双管双立柱滑动吊架③-不保温

图集号 18R417-2
页 91

主视图

材料明细表

序号	公称直径DN	吊架间距(m)	单管总重(kg)	扩底锚栓① 规格型号	件数	槽钢立柱② 规格型号	件数	槽钢横梁③ 规格型号	件数	滑动管夹④ 轴向位移	侧向位移	件数
1	15~25	2	20									
2	32	2	30									
3	40	3	50	M10	4	41×41×2.0	2	41×41×2.0	2			
4	50	3	70							≤100	≤40	2
5	65	3	110									
6	80	3	130									
7	100	3	160	M12	4	41×41×2.0	2	41×41×2.0	2			
8	125	3	210									

尺寸表

序号	公称直径DN	L	序号	公称直径DN	L
1	15	380	6	50	410
2	20	380	7	65	470
3	25	390	8	80	480
4	32	400	9	100	500
5	40	400	10	125	530

连接件性能参数表

序号	公称直径DN	槽钢底座⑤ 壁厚(mm)	设计拉力(kN)	设计压力(kN)	件数	槽钢连接件⑥ 壁厚(mm)	设计拉力(kN)	设计压力(kN)	件数	槽钢连接件⑦ 壁厚(mm)	设计拉力(kN)	设计压力(kN)	件数
1	15												
2	20												
3	25												
4	32												
5	40	≥6.0	≤5.0	≤6.0	2	≥4.0	≤3.0	≤4.5	4	≥4.0	≤3.0	≤4.0	2
6	50												
7	65												
8	80												
9	100												
10	125												

注：
1. 单管总重指两个装配式承重支吊架间的单根满水钢管总重量（含保温层）。
2. 滑动管夹应考虑承重，并应考虑放大系数，放大系数根据项目实际确定。
3. 槽钢立柱②、槽钢横梁③为C型槽钢。

双管双立柱滑动吊架③-保温

图集号 18R417-2

材料明细表

序号	公称直径DN	吊架间距(m)	单管总重(kg)	扩底锚栓① 规格型号	扩底锚栓① 件数	槽钢立柱② 规格型号	槽钢立柱② 件数	槽钢横梁③ 规格型号	槽钢横梁③ 件数	滑动管夹④ 轴向位移	滑动管夹④ 侧向位移	滑动管夹④ 件数
1	50	3	40	M10	4	41×41×2.0	2	41×41×2.0	2	≤100	≤40	2
2	65	6	100	M10	4	41×41×2.0	2	41×41×2.0	2	≤100	≤40	2
3	80	6	140	M10	4	41×41×2.0	2	41×41×2.0	2	≤100	≤40	2
4	100	6	180	M10	4	41×41×2.0	2	41×41×2.0	2	≤100	≤40	2
5	125	6	240	M10	4	41×41×2.0	2	41×41×2.0	2	≤100	≤40	2
6	150	6	320	M10	4	41×41×2.0	2	41×41×2.0	2	≤100	≤40	2
7	200	6	600	M12	4	41×41×2.0	2	41×62×2.5	2	≤100	≤40	2

主视图

H≤1500

尺寸表

序号	公称直径DN	L	序号	公称直径DN	L
1	50	250	5	125	330
2	65	270	6	150	350
3	80	280	7	200	400
4	100	300			

连接件性能参数表

序号	公称直径DN	槽钢底座⑤ 壁厚(mm)	槽钢底座⑤ 设计拉力(kN)	槽钢底座⑤ 设计压力(kN)	件数	槽钢连接件⑥ 壁厚(mm)	槽钢连接件⑥ 设计拉力(kN)	槽钢连接件⑥ 设计压力(kN)	件数	槽钢连接件⑦ 壁厚(mm)	槽钢连接件⑦ 设计拉力(kN)	槽钢连接件⑦ 设计压力(kN)	件数
1	50	≥6.0	≤5.0	≤6.0	2	≥4.0	≤3.0	≤4.5	4	≥4.0	≤3.0	≤4.5	4
2	65	≥6.0	≤5.0	≤6.0	2	≥4.0	≤3.0	≤4.5	4	≥4.0	≤3.0	≤4.5	4
3	80	≥6.0	≤5.0	≤6.0	2	≥4.0	≤3.0	≤4.5	4	≥4.0	≤3.0	≤4.5	4
4	100	≥6.0	≤5.0	≤6.0	2	≥4.0	≤3.0	≤4.5	4	≥4.0	≤3.0	≤4.5	4
5	125	≥6.0	≤5.0	≤6.0	2	≥4.0	≤3.0	≤4.5	4	≥4.0	≤3.0	≤4.5	4
6	150	≥6.0	≤5.0	≤6.0	2	≥4.0	≤3.0	≤4.5	4	≥4.0	≤3.0	≤4.5	4
7	200	≥6.0	≤9.0	≤9.0	2	≥4.0	≤4.5	≤4.5	4	≥4.0	≤4.5	≤4.5	4

注:
1. 单管总重指两个装配式承重支吊架间的单根满水钢管总重量。
2. 滑动管夹应考虑承重,并应考虑放大系数,放大系数根据项目实际确定。
3. 槽钢立柱②、槽钢横梁③为C型槽钢。

双管双立柱滑动吊架④-不保温

图集号 18R417-2
页 93

主视图

尺寸表

序号	公称直径DN	L	序号	公称直径DN	L
1	50	410	5	125	530
2	65	470	6	150	550
3	80	480	7	200	640
4	100	500			

注：
1. 单管总重指两个装配式承重支吊架间的单根满水钢管总重量（含保温层）。
2. 滑动管夹应考虑承重，并应考虑放大系数，放大系数根据项目实际确定。
3. 槽钢立柱②、槽钢横梁③为C型槽钢。

材料明细表

序号	公称直径DN	吊架间距(m)	单管总重(kg)	扩底锚栓① 规格型号	扩底锚栓① 件数	槽钢立柱② 规格型号	槽钢立柱② 件数	槽钢横梁③ 规格型号	槽钢横梁③ 件数	滑动管夹④ 轴向位移	滑动管夹④ 侧向位移	滑动管夹④ 件数
1	50	3	70									
2	65	3	110									
3	80	3	130	M10	4	41×41×2.0	2	41×41×2.0	2	≤100	≤40	2
4	100	3	160									
5	125	3	210									
6	150	3	280									
7	200	3	490	M12	4	41×41×2.0	2	41×62×2.0	2	≤100	≤40	2

连接件性能参数表

序号	公称直径DN	槽钢底座⑤ 壁厚(mm)	槽钢底座⑤ 设计拉力(kN)	槽钢底座⑤ 设计压力(kN)	槽钢底座⑤ 件数	槽钢连接件⑥ 壁厚(mm)	槽钢连接件⑥ 设计拉力(kN)	槽钢连接件⑥ 设计压力(kN)	槽钢连接件⑥ 件数	槽钢连接件⑦ 壁厚(mm)	槽钢连接件⑦ 设计拉力(kN)	槽钢连接件⑦ 设计压力(kN)	槽钢连接件⑦ 件数
1	50												
2	65												
3	80	≥6.0	≤5.0	≤6.0	2	≥4.0	≤3.0	≤4.5	4	≥4.0	≤3.0	≤4.0	4
4	100												
5	125												
6	150												
7	200	≥6.0	≤9.0	≤9.0	2	≥4.0	≤3.0	≤4.5	4	≥4.0	≤3.0	≤4.0	4

双管双立柱滑动吊架④-保温

图集号 18R417-2
页 94

主视图

尺寸表

序号	公称直径 DN	不保温			保温		
		L_0	L_1	L_2	L_0	L_1	L_2
1	15	165	160	160	325	240	240
2	20	170	160	160	330	240	240
3	25	175	170	170	335	250	250
4	32	185	170	170	345	250	250
5	40	190	170	170	350	250	250
6	50	200	180	180	360	260	260

材料明细表

序号		公称直径 DN	吊架间距 (m)	单管总重 (kg)	扩底锚栓①		槽钢悬臂②		钢板底座③		滑动管夹④		
					规格型号	件数	规格型号	件数	厚度(mm)	件数	轴向位移	侧向位移	件数
不保温	1	15~25	2	10	M10	2	41×41×2.0	1	≥8	1	≤100	≤40	2
	2	32	2	20									
	3	40	3	30									
	4	50	3	40									
保温	5	15~20	2	20	M10	2	41×41×2.0	1					
	6	25~32	2	30									
	7	40	3	50	M10	2	41×41×2.5	1					
	8	50	3	70	M12	2	41×62×2.5	1					

注：
1. 单管总重指两个装配式承重支吊架间的单根满水钢管总重量（保温管含保温层）。
2. 滑动管夹应考虑承重，并应考虑放大系数，放大系数根据项目实际确定。
3. 槽钢悬臂②为C型槽钢。
4. 钢板底座③与槽钢悬臂②为一整体。

双管单悬臂滑动支架

主视图

H≤3000

材料明细表

序号	公称直径DN	吊架间距(m)	单管总重(kg)	扩底锚栓① 规格型号	件数	槽钢立柱② 规格型号	件数	槽钢横梁③ 规格型号	件数	滑动管夹④ 轴向位移	侧向位移	件数
1	15~25	2	10									
2	32	2	20	M10	4	41×21×2.0	2	41×21×2.0	1			
3	40	3	30									
4	50	3	40	M10	4	41×21×2.0	2	41×21×2.5	1	≤100	≤40	3
5	65	6	100	M10	4	41×41×2.0	2	41×41×2.0	1			
6	80	6	140	M10	4	41×41×2.0	2	41×62×2.5	1			
7	100	6	180	M12	4	41×41×2.0	2	41×62×2.5	1			
8	125	6	240	M12	4	41×41×2.0	2	41×72×2.75	1			

尺寸表

序号	公称直径DN	L_0	L_1	序号	公称直径DN	L_0	L_1
1	15	165	160	7	65	215	190
2	20	170	160	8	80	230	190
3	25	175	170	9	100	250	200
4	32	185	170	10	125	275	220
5	40	190	170	11	150	300	230
6	50	200	180				

连接件性能参数表

序号	公称直径DN	槽钢底座⑤ 壁厚(mm)	设计拉力(kN)	设计压力(kN)	件数	槽钢连接件⑥ 壁厚(mm)	设计拉力(kN)	设计压力(kN)	件数	槽钢连接件⑦ 壁厚(mm)	设计拉力(kN)	设计压力(kN)	件数
1	15												
2	20												
3	25												
4	32												
5	40	≥6.0	≤5.0	≤6.0	2	≥4.0	≤3.0	≤4.5	2	≥4.0	≤3.0	≤4.0	2
6	50												
7	65												
8	80												
9	100												
10	125												

注：
1. 单管总重指两个装配式承重支吊架间的单根满水钢管总重量。
2. 滑动管夹应考虑承重，并应考虑放大系数，放大系数根据项目实际确定。
3. 槽钢立柱②、槽钢横梁③为C型槽钢。

三管双立柱滑动吊架①-不保温

图集号 18R417-2

主视图

尺寸表

序号	公称直径DN	L_0	L_1	序号	公称直径DN	L_0	L_1
1	15	325	240	7	65	415	290
2	20	330	240	8	80	430	290
3	25	335	250	9	100	450	300
4	32	345	250	10	125	475	320
5	40	350	250	11	150	500	330
6	50	360	260				

注：
1. 单管总重指两个装配式承重支吊架间的单根满水钢管总重量（含保温层）。
2. 滑动管夹应考虑承重，并应考虑放大系数，放大系数根据项目实际确定。
3. 槽钢立柱②、槽钢横梁③为C型槽钢。

材料明细表

序号	公称直径DN	吊架间距(m)	单管总重(kg)	扩底锚栓① 规格型号	件数	槽钢立柱② 规格型号	件数	槽钢横梁③ 规格型号	件数	滑动管夹④ 轴向位移	侧向位移	件数
1	15~25	2	20	M10	4	41×41×2.0	2	41×41×2.0	1	≤100	≤40	3
2	32	2	30									
3	40	3	50									
4	50	3	70									
5	65	3	110	M10	4	41×41×2.0	2	41×62×2.5	1			
6	80	3	130									
7	100	3	160	M10	4	41×41×2.0	2	41×82×2.0	1			
8	125	3	210	M12	4	41×41×2.0	2	41×104×2.5	1			

连接件性能参数表

序号	公称直径DN	槽钢底座⑤ 壁厚(mm)	设计拉力(kN)	设计压力(kN)	件数	槽钢连接件⑥ 壁厚(mm)	设计拉力(kN)	设计压力(kN)	件数	槽钢连接件⑦ 壁厚(mm)	设计拉力(kN)	设计压力(kN)	件数
1	15												
2	20												
3	25												
4	32												
5	40	≥6.0	≤5.0	≤6.0	2	≥4.0	≤3.0	≤4.5	2	≥4.0	≤3.0	≤4.0	2
6	50												
7	65												
8	80												
9	100												
10	125												

三管双立柱滑动吊架①-保温

图集号 18R417-2

主视图

尺寸表

序号	公称直径DN	L₀	L₁
1	50	200	180
2	65	215	190
3	80	230	190
4	100	250	200
5	125	275	220
6	150	300	230
7	200	350	250

注：
1. 单管总重指两个装配式承重支吊架间的单根满水钢管总重量。
2. 滑动管夹应考虑承重，并应考虑放大系数，放大系数根据项目实际确定。
3. 槽钢立柱②、槽钢横梁③为C型槽钢。

材料明细表

序号	公称直径DN	吊架间距(m)	单管总重(kg)	扩底锚栓① 规格型号	件数	槽钢立柱② 规格型号	件数	槽钢横梁③ 规格型号	件数	滑动管夹④ 轴向位移	侧向位移	件数
1	50	3	40	M10	4	41×41×2.0	2	41×41×2.0	1			
2	65	6	100			41×41×2.0	2	41×41×2.0	1			
3	80	6	140	M10	4	41×41×2.0	2	41×62×2.5	1			
4	100	6	180	M12	4	41×41×2.0	2	41×62×2.5	1	≤100	≤40	3
5	125	6	240	M12	4	41×41×2.0	2	41×82×2.5	1			
6	150	6	320			41×41×2.0	2	41×82×2.5	1			
7	200	6	600	M12	4	41×41×2.0	2	41×124×2.75	1			

连接件性能参数表

序号	公称直径DN	槽钢底座⑤ 壁厚(mm)	设计拉力(kN)	设计压力(kN)	件数	槽钢连接件⑥ 壁厚(mm)	设计拉力(kN)	设计压力(kN)	件数	槽钢连接件⑦ 壁厚(mm)	设计拉力(kN)	设计压力(kN)	件数
1	50												
2	65												
3	80	≥6.0	≤5.0	≤6.0	2	≥4.0	≤3.0	≤4.5	2	≥4.0	≤3.0	≤4.0	2
4	100												
5	125												
6	150	≥6.0	≤9.0	≤9.0	2	≥4.0	≤4.5	≤4.5	2	≥4.0	≤4.5	≤4.5	2
7	200	≥6.0	≤12.0	≤12.0	2	≥6.0	≤6.0	≤6.0	2	≥6.0	≤6.0	≤6.0	2

三管双立柱滑动吊架②-不保温

图集号 18R417-2

主视图

尺寸表

序号	公称直径DN	L_0	L_1
1	50	360	260
2	65	415	290
3	80	430	290
4	100	450	300
5	125	475	320
6	150	500	330

注：
1. 单管总重指两个装配式承重支吊架间的单根满水钢管总重量（含保温层）。
2. 滑动管夹应考虑承重，并应考虑放大系数，放大系数根据项目实际确定。
3. 槽钢立柱②、槽钢横梁③为C型槽钢。

材料明细表

序号	公称直径DN	吊架间距(m)	单管总重(kg)	扩底锚栓① 规格型号	扩底锚栓① 件数	槽钢立柱② 规格型号	槽钢立柱② 件数	槽钢横梁③ 规格型号	槽钢横梁③ 件数	滑动管夹④ 轴向位移	滑动管夹④ 侧向位移	滑动管夹④ 件数
1	50	3	70	M10	4	41×21×2.0	2	41×41×2.0	1			
2	65	3	110	M10	4	41×41×2.0	2	41×62×2.5	1			
3	80	3	130	M10	4	41×41×2.0	2	41×62×2.5	1	≤100	≤40	3
4	100	3	160	M10	4	41×41×2.0	2	41×82×2.0	1			
5	125	3	210	M12	4	41×41×2.0	2	41×104×2.5	1			
6	150	3	280	M12	4	41×41×2.0	2	41×104×2.5	1			

连接件性能参数表

序号	公称直径DN	槽钢底座⑤ 壁厚(mm)	槽钢底座⑤ 设计拉力(kN)	槽钢底座⑤ 设计压力(kN)	槽钢底座⑤ 件数	槽钢连接件⑥ 壁厚(mm)	槽钢连接件⑥ 设计拉力(kN)	槽钢连接件⑥ 设计压力(kN)	槽钢连接件⑥ 件数	槽钢连接件⑦ 壁厚(mm)	槽钢连接件⑦ 设计拉力(kN)	槽钢连接件⑦ 设计压力(kN)	槽钢连接件⑦ 件数
1	50												
2	65												
3	80	≥6.0	≤5.0	≤6.0	2	≥4.0	≤3.0	≤4.5	2	≥4.0	≤3.0	≤4.0	2
4	100												
5	125												
6	150	≥6.0	≤6.0	≤6.0	2	≥4.0	≤3.0	≤4.5	2	≥4.0	≤3.0	≤4.0	2

三管双立柱滑动吊架②-保温

图集号 18R417-2
页 99

主视图

尺寸表

序号	公称直径DN	L₀	L₁	序号	公称直径DN	L₀	L₁
1	15	165	160	6	50	200	180
2	20	170	160	7	65	215	190
3	25	175	170	8	80	230	190
4	32	185	170	9	100	250	200
5	40	190	170	10	125	275	220

注：
1. 单管总重指两个装配式承重支吊架间的单根满水钢管总重量。
2. 滑动管夹应考虑承重，并应考虑放大系数，放大系数根据项目实际确定。
3. 槽钢立柱②、槽钢横梁③为C型槽钢。

材料明细表

序号	公称直径DN	吊架间距(m)	单管总重(kg)	扩底锚栓① 规格型号	扩底锚栓① 件数	槽钢立柱② 规格型号	槽钢立柱② 件数	槽钢横梁③ 规格型号	槽钢横梁③ 件数	滑动管夹④ 轴向位移	滑动管夹④ 侧向位移	滑动管夹④ 件数
1	15~25	2	10	M10	4	41×41×2.0	2	41×41×2.0	2	≤100	≤40	3
2	32	2	20	M10	4	41×41×2.0	2	41×41×2.0	2	≤100	≤40	3
3	40	3	30	M10	4	41×41×2.0	2	41×41×2.0	2	≤100	≤40	3
4	50	3	40	M10	4	41×41×2.0	2	41×41×2.0	2	≤100	≤40	3
5	65	6	100	M10	4	41×41×2.0	2	41×41×2.0	2	≤100	≤40	3
6	80	6	140	M10	4	41×41×2.0	2	41×41×2.0	2	≤100	≤40	3
7	100	6	180	M12	4	41×41×2.0	2	41×41×2.0	2	≤100	≤40	3
8	125	6	240	M12	4	41×41×2.0	2	41×62×2.5	2	≤100	≤40	3

连接件性能参数表

序号	公称直径DN	槽钢底座⑤ 壁厚(mm)	槽钢底座⑤ 设计拉力(kN)	槽钢底座⑤ 设计压力(kN)	槽钢底座⑤ 件数	槽钢连接件⑥ 壁厚(mm)	槽钢连接件⑥ 设计拉力(kN)	槽钢连接件⑥ 设计压力(kN)	槽钢连接件⑥ 件数	槽钢连接件⑦ 壁厚(mm)	槽钢连接件⑦ 设计拉力(kN)	槽钢连接件⑦ 设计压力(kN)	槽钢连接件⑦ 件数
1	15	≥6.0	≤5.0	≤6.0	2	≥4.0	≤3.0	≤4.5	4	≥4.0	≤3.0	≤4.0	4
2	20	≥6.0	≤5.0	≤6.0	2	≥4.0	≤3.0	≤4.5	4	≥4.0	≤3.0	≤4.0	4
3	25	≥6.0	≤5.0	≤6.0	2	≥4.0	≤3.0	≤4.5	4	≥4.0	≤3.0	≤4.0	4
4	32	≥6.0	≤5.0	≤6.0	2	≥4.0	≤3.0	≤4.5	4	≥4.0	≤3.0	≤4.0	4
5	40	≥6.0	≤5.0	≤6.0	2	≥4.0	≤3.0	≤4.5	4	≥4.0	≤3.0	≤4.0	4
6	50	≥6.0	≤5.0	≤6.0	2	≥4.0	≤3.0	≤4.5	4	≥4.0	≤3.0	≤4.0	4
7	65	≥6.0	≤5.0	≤6.0	2	≥4.0	≤3.0	≤4.5	4	≥4.0	≤3.0	≤4.0	4
8	80	≥6.0	≤5.0	≤6.0	2	≥4.0	≤3.0	≤4.5	4	≥4.0	≤3.0	≤4.0	4
9	100	≥6.0	≤5.0	≤6.0	2	≥4.0	≤3.0	≤4.5	4	≥4.0	≤3.0	≤4.0	4
10	125	≥6.0	≤5.0	≤6.0	2	≥4.0	≤3.0	≤4.5	4	≥4.0	≤3.0	≤4.0	4

三管双立柱滑动吊架③-不保温

图集号 18R417-2

主视图

材料明细表

序号	公称直径DN	吊架间距(m)	单管总重(kg)	扩底锚栓① 规格型号	扩底锚栓① 件数	槽钢立柱② 规格型号	槽钢立柱② 件数	槽钢横梁③ 规格型号	槽钢横梁③ 件数	滑动管夹④ 轴向位移	滑动管夹④ 侧向位移	滑动管夹④ 件数
1	15~25	2	20	M10	4	41×41×2.0	2	41×41×2.0	2	≤100	≤40	3
2	32	2	30	M10	4	41×41×2.0	2	41×41×2.0	2	≤100	≤40	3
3	40	3	50	M10	4	41×41×2.0	2	41×41×2.0	2	≤100	≤40	3
4	50	3	70	M10	4	41×41×2.0	2	41×41×2.0	2	≤100	≤40	3
5	65	3	110	M10	4	41×41×2.0	2	41×41×2.0	2	≤100	≤40	3
6	80	3	130	M10	4	41×41×2.0	2	41×41×2.0	2	≤100	≤40	3
7	100	3	160	M10	4	41×41×2.0	2	41×41×2.5	2	≤100	≤40	3
8	125	3	210	M12	4	41×41×2.0	2	41×62×2.5	2	≤100	≤40	3

尺寸表

序号	公称直径DN	L_0	L_1	序号	公称直径DN	L_0	L_1
1	15	325	240	6	50	360	260
2	20	330	240	7	65	415	290
3	25	335	250	8	80	430	290
4	32	345	250	9	100	450	300
5	40	350	250	10	125	475	320

连接件性能参数表

序号	公称直径DN	槽钢底座⑤ 壁厚(mm)	槽钢底座⑤ 设计拉力(kN)	槽钢底座⑤ 设计压力(kN)	槽钢底座⑤ 件数	槽钢连接件⑥ 壁厚(mm)	槽钢连接件⑥ 设计拉力(kN)	槽钢连接件⑥ 设计压力(kN)	槽钢连接件⑥ 件数	槽钢连接件⑦ 壁厚(mm)	槽钢连接件⑦ 设计拉力(kN)	槽钢连接件⑦ 设计压力(kN)	槽钢连接件⑦ 件数
1	15	≥6.0	≤5.0	≤6.0	2	≥4.0	≤3.0	≤4.5	4	≥4.0	≤3.0	≤4.0	4
2	20	≥6.0	≤5.0	≤6.0	2	≥4.0	≤3.0	≤4.5	4	≥4.0	≤3.0	≤4.0	4
3	25	≥6.0	≤5.0	≤6.0	2	≥4.0	≤3.0	≤4.5	4	≥4.0	≤3.0	≤4.0	4
4	32	≥6.0	≤5.0	≤6.0	2	≥4.0	≤3.0	≤4.5	4	≥4.0	≤3.0	≤4.0	4
5	40	≥6.0	≤5.0	≤6.0	2	≥4.0	≤3.0	≤4.5	4	≥4.0	≤3.0	≤4.0	4
6	50	≥6.0	≤5.0	≤6.0	2	≥4.0	≤3.0	≤4.5	4	≥4.0	≤3.0	≤4.0	4
7	65	≥6.0	≤5.0	≤6.0	2	≥4.0	≤3.0	≤4.5	4	≥4.0	≤3.0	≤4.0	4
8	80	≥6.0	≤5.0	≤6.0	2	≥4.0	≤3.0	≤4.5	4	≥4.0	≤3.0	≤4.0	4
9	100	≥6.0	≤5.0	≤6.0	2	≥4.0	≤3.0	≤4.5	4	≥4.0	≤3.0	≤4.0	4
10	125	≥6.0	≤5.0	≤6.0	2	≥4.0	≤3.0	≤4.5	4	≥4.0	≤3.0	≤4.0	4

注:
1. 单管总重指两个装配式承重支吊架间的单根满水钢管总重量(含保温层)。
2. 滑动管夹应考虑承重,并应考虑放大系数,放大系数根据项目实际确定。
3. 槽钢立柱②、槽钢横梁③为C型槽钢。

三管双立柱滑动吊架③-保温

图集号 18R417-2
页 101

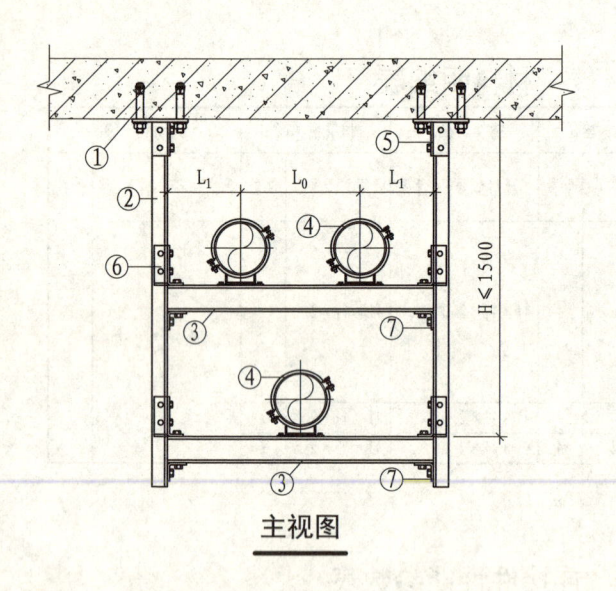

材料明细表

序号	公称直径DN	吊架间距(m)	单管总重(kg)	扩底锚栓① 规格型号	件数	槽钢立柱② 规格型号	件数	槽钢横梁③ 规格型号	件数	滑动管夹④ 轴向位移	侧向位移	件数
1	50	3	40									
2	65	6	100	M10	4	41×41×2.0	2	41×41×2.0	2			
3	80	6	140									
4	100	6	180	M12	4	41×41×2.0	2	41×41×2.0	2	≤100	≤40	3
5	125	6	240									
6	150	6	320	M12	4	41×41×2.0	2	41×62×2.5	2			
7	200	6	600									

主视图

尺寸表

序号	公称直径DN	L_0	L_1	序号	公称直径DN	L_0	L_1
1	50	200	180	5	125	275	220
2	65	215	190	6	150	300	230
3	80	230	190	7	200	350	250
4	100	250	200				

连接件性能参数表

序号	公称直径DN	槽钢底座⑤ 壁厚(mm)	设计拉力(kN)	设计压力(kN)	件数	槽钢连接件⑥ 壁厚(mm)	设计拉力(kN)	设计压力(kN)	件数	槽钢连接件⑦ 壁厚(mm)	设计拉力(kN)	设计压力(kN)	件数
1	50												
2	65												
3	80	≥6.0	≤5.0	≤6.0	2	≥4.0	≤3.0	≤4.5	4	≥4.0	≤3.0	≤4.0	4
4	100												
5	125												
6	150	≥6.0	≤9.0	≤9.0	2	≥4.0	≤3.0	≤4.5	4	≥4.0	≤3.0	≤4.0	4
7	200	≥8.0	≤12.0	≤12.0	2	≥4.0	≤4.5	≤4.5	4	≥4.0	≤4.5	≤4.5	4

注:
1. 单管总重指两个装配式承重支吊架间的单根满水钢管总重量。
2. 滑动管夹应考虑承重,并应考虑放大系数,放大系数根据项目实际确定。
3. 槽钢立柱②、槽钢横梁③为C型槽钢。

三管双立柱滑动吊架④-不保温

图集号 18R417-2

材料明细表

序号	公称直径DN	吊架间距(m)	单管总重(kg)	扩底锚栓① 规格型号	扩底锚栓① 件数	槽钢立柱② 规格型号	槽钢立柱② 件数	槽钢横梁③ 规格型号	槽钢横梁③ 件数	滑动管夹④ 轴向位移	滑动管夹④ 侧向位移	滑动管夹④ 件数
1	50	3	70	M10	4	41×41×2.0	2	41×41×2.0	2	≤100	≤40	3
2	65	3	110	M10	4	41×41×2.0	2	41×41×2.0	2	≤100	≤40	3
3	80	3	130	M10	4	41×41×2.0	2	41×41×2.0	2	≤100	≤40	3
4	100	3	160	M10	4	41×41×2.0	2	41×41×2.5	2	≤100	≤40	3
5	125	3	210	M12	4	41×41×2.0	2	41×62×2.5	2	≤100	≤40	3
6	150	3	280	M12	4	41×41×2.0	2	41×62×2.75	2	≤100	≤40	3

主视图

尺寸表

序号	公称直径DN	L_0	L_1	序号	公称直径DN	L_0	L_1
1	50	360	260	4	100	450	300
2	65	415	290	5	125	475	320
3	80	430	290	6	150	500	330

连接件性能参数表

序号	公称直径DN	槽钢底座⑤ 壁厚(mm)	槽钢底座⑤ 设计拉力(kN)	槽钢底座⑤ 设计压力(kN)	槽钢底座⑤ 件数	槽钢连接件⑥ 壁厚(mm)	槽钢连接件⑥ 设计拉力(kN)	槽钢连接件⑥ 设计压力(kN)	槽钢连接件⑥ 件数	槽钢连接件⑦ 壁厚(mm)	槽钢连接件⑦ 设计拉力(kN)	槽钢连接件⑦ 设计压力(kN)	槽钢连接件⑦ 件数
1	50												
2	65												
3	80	≥6.0	≤5.0	≤6.0	2	≥4.0	≤3.0	≤4.5	4	≥4.0	≤3.0	≤4.0	4
4	100												
5	125												
6	150	≥6.0	≤6.0	≤6.0	2	≥4.0	≤3.0	≤4.5	4	≥4.0	≤3.0	≤4.0	4

注：
1. 单管总重指两个装配式承重支吊架间的单根满水钢管总重量（含保温层）。
2. 滑动管夹应考虑承重，并应考虑放大系数，放大系数根据项目实际确定。
3. 槽钢立柱②、槽钢横梁③为C型槽钢。

三管双立柱滑动吊架④-保温

图集号 18R417-2
页 103

材料明细表

序号	公称直径DN	吊架间距(m)	单管总重(kg)	扩底锚栓① 规格型号	件数	槽钢立柱② 规格型号	件数	槽钢横梁③ 规格型号	件数	滑动管夹④ 轴向位移	侧向位移	件数
1	15~25	2	10	M10	4	41×41×2.0	2	41×41×2.0	2	≤100	≤40	3
2	32	2	20	M10	4	41×41×2.0	2	41×41×2.0	2	≤100	≤40	3
3	40	3	30	M10	4	41×41×2.0	2	41×41×2.0	2	≤100	≤40	3
4	50	3	40	M10	4	41×41×2.0	2	41×41×2.0	2	≤100	≤40	3
5	65	6	100	M10	4	41×41×2.0	2	41×41×2.0	2	≤100	≤40	3
6	80	6	140	M10	4	41×41×2.0	2	41×41×2.0	2	≤100	≤40	3
7	100	6	180	M12	4	41×41×2.0	2	41×41×2.0	2	≤100	≤40	3
8	125	6	240	M12	4	41×41×2.0	2	41×62×2.5	2	≤100	≤40	3

主视图

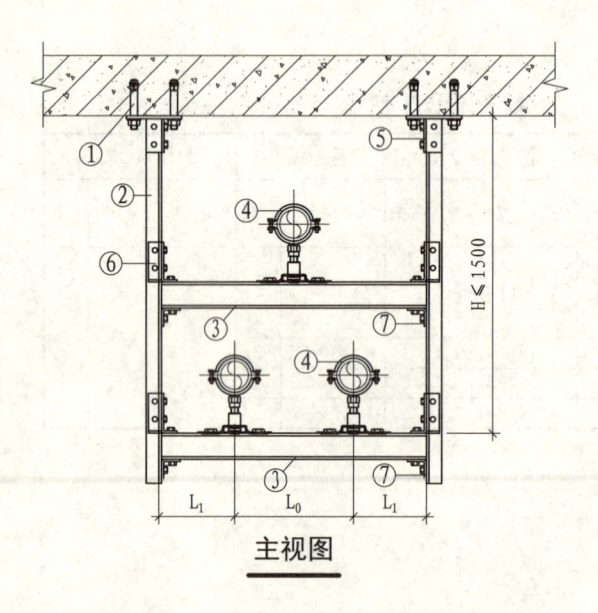

尺寸表

序号	公称直径DN	L_0	L_1	序号	公称直径DN	L_0	L_1
1	15	165	160	6	50	200	180
2	20	170	160	7	65	215	190
3	25	175	170	8	80	230	190
4	32	185	170	9	100	250	200
5	40	190	170	10	125	275	220

连接件性能参数表

序号	公称直径DN	槽钢底座⑤ 壁厚(mm)	设计拉力(kN)	设计压力(kN)	件数	槽钢连接件⑥ 壁厚(mm)	设计拉力(kN)	设计压力(kN)	件数	槽钢连接件⑦ 壁厚(mm)	设计拉力(kN)	设计压力(kN)	件数
1	15	≥6.0	≤5.0	≤6.0	2	≥4.0	≤3.0	≤4.5	4	≥4.0	≤3.0	≤4.0	4
2	20												
3	25												
4	32												
5	40												
6	50												
7	65												
8	80												
9	100												
10	125												

注：
1. 单管总重指两个装配式承重支吊架间的单根满水钢管总重量。
2. 滑动管夹应考虑承重，并应考虑放大系数，放大系数根据项目实际确定。
3. 槽钢立柱②、槽钢横梁③为C型槽钢。

三管双立柱滑动吊架⑤-不保温

图集号 18R417-2
页 104

材料明细表

序号	公称直径DN	吊架间距(m)	单管总重(kg)	扩底锚栓① 规格型号	件数	槽钢立柱② 规格型号	件数	槽钢横梁③ 规格型号	件数	滑动管夹④ 轴向位移	侧向位移	件数
1	15~25	2	20	M10	4	41×41×2.0	2	41×41×2.0	2	≤100	≤40	3
2	32	2	30	M10	4	41×41×2.0	2	41×41×2.0	2	≤100	≤40	3
3	40	3	50	M10	4	41×41×2.0	2	41×41×2.0	2	≤100	≤40	3
4	50	3	70	M10	4	41×41×2.0	2	41×41×2.0	2	≤100	≤40	3
5	65	3	110	M10	4	41×41×2.0	2	41×41×2.0	2	≤100	≤40	3
6	80	3	130	M10	4	41×41×2.0	2	41×41×2.0	2	≤100	≤40	3
7	100	3	160	M10	4	41×41×2.0	2	41×41×2.5	2	≤100	≤40	3
8	125	3	210	M12	4	41×41×2.0	2	41×62×2.5	2	≤100	≤40	3

主视图

H≤1500

尺寸表

序号	公称直径DN	L_0	L_1	序号	公称直径DN	L_0	L_1
1	15	325	240	6	50	360	260
2	20	330	240	7	65	415	290
3	25	335	250	8	80	430	290
4	32	345	250	9	100	450	300
5	40	350	250	10	125	475	320

注:
1. 单管总重指两个装配式承重支吊架间的单根满水钢管总重量(含保温层)。
2. 滑动管夹应考虑承重,并应考虑放大系数,放大系数根据项目实际确定。
3. 槽钢立柱②、槽钢横梁③为C型槽钢。

连接件性能参数表

序号	公称直径DN	槽钢底座⑤ 壁厚(mm)	设计拉力(kN)	设计压力(kN)	件数	槽钢连接件⑥ 壁厚(mm)	设计拉力(kN)	设计压力(kN)	件数	槽钢连接件⑦ 壁厚(mm)	设计拉力(kN)	设计压力(kN)	件数
1	15												
2	20												
3	25												
4	32												
5	40	≥6.0	≤5.0	≤6.0	2	≥4.0	≤3.0	≤4.5	4	≥4.0	≤3.0	≤4.0	4
6	50												
7	65												
8	80												
9	100												
10	125												

三管双立柱滑动吊架⑤-保温

图集号 18R417-2

页 105

材料明细表

序号	公称直径DN	吊架间距(m)	单管总重(kg)	扩底锚栓① 规格型号	件数	槽钢立柱② 规格型号	件数	槽钢横梁③ 规格型号	件数	滑动管夹④ 轴向位移	侧向位移	件数
1	50	3	40									
2	65	6	100	M10	4	41×41×2.0	2	41×41×2.0	2			
3	80	6	140									
4	100	6	180	M12	4	41×41×2.0	2	41×41×2.0	2	≤100	≤40	3
5	125	6	240									
6	150	6	320	M12	4	41×41×2.0	2	41×62×2.5	2			
7	200	6	600									

主视图

尺寸表

序号	公称直径DN	L_0	L_1	序号	公称直径DN	L_0	L_1
1	50	200	180	5	125	275	220
2	65	215	190	6	150	300	230
3	80	230	190	7	200	350	250
4	100	250	200				

连接件性能参数表

序号	公称直径DN	槽钢底座⑤ 壁厚(mm)	设计拉力(kN)	设计压力(kN)	件数	槽钢连接件⑥ 壁厚(mm)	设计拉力(kN)	设计压力(kN)	件数	槽钢连接件⑦ 壁厚(mm)	设计拉力(kN)	设计压力(kN)	件数
1	50												
2	65												
3	80	≥6.0	≤5.0	≤6.0	2	≥4.0	≤3.0	≤4.5	4	≥4.0	≤3.0	≤4.0	4
4	100												
5	125												
6	150	≥6.0	≤9.0	≤9.0	2	≥4.0	≤3.0	≤4.5	4	≥4.0	≤3.0	≤4.0	4
7	200	≥8.0	≤12.0	≤12.0	2	≥4.0	≤4.5	≤4.5	4	≥4.0	≤4.5	≤4.5	4

注：
1. 单管总重指两个装配式承重支吊架间的单根满水钢管总重量。
2. 滑动管夹应考虑承重，并应考虑放大系数，放大系数根据项目实际确定。
3. 槽钢立柱②、槽钢横梁③为C型槽钢。

三管双立柱滑动吊架⑥-不保温

图集号 18R417-2

页 106

主视图

H≤1500

材料明细表

序号	公称直径DN	吊架间距(m)	单管总重(kg)	扩底锚栓① 规格型号	件数	槽钢立柱② 规格型号	件数	槽钢横梁③ 规格型号	件数	滑动管夹④ 轴向位移	侧向位移	件数
1	50	3	70	M10	4	41×41×2.0	2	41×41×2.0	2	≤100	≤40	3
2	65	3	110	M10	4	41×41×2.0	2	41×41×2.0	2			
3	80	3	130	M10	4	41×41×2.0	2	41×41×2.0	2			
4	100	3	160	M10	4	41×41×2.0	2	41×41×2.5	2			
5	125	3	210	M12	4	41×41×2.0	2	41×62×2.5	2			
6	150	3	280	M12	4	41×41×2.0	2	41×62×2.75	2			

尺寸表

序号	公称直径DN	L_0	L_1	序号	公称直径DN	L_0	L_1
1	50	360	260	4	100	450	300
2	65	415	290	5	125	475	320
3	80	430	290	6	150	500	330

连接件性能参数表

序号	公称直径DN	槽钢底座⑤ 壁厚(mm)	设计拉力(kN)	设计压力(kN)	件数	槽钢连接件⑥ 壁厚(mm)	设计拉力(kN)	设计压力(kN)	件数	槽钢连接件⑦ 壁厚(mm)	设计拉力(kN)	设计压力(kN)	件数
1	50												
2	65												
3	80	≥6.0	≤5.0	≤6.0	2	≥4.0	≤3.0	≤4.5	4	≥4.0	≤3.0	≤4.0	4
4	100												
5	125												
6	150	≥6.0	≤6.0	≤6.0	2	≥4.0	≤3.0	≤4.5	4	≥4.0	≤3.0	≤4.0	4

注:
1. 单管总重指两个装配式承重支吊架间的单根满水钢管总重量(含保温层)。
2. 滑动管夹应考虑承重,并应考虑放大系数,放大系数根据项目实际确定。
3. 槽钢立柱②、槽钢横梁③为C型槽钢。

三管双立柱滑动吊架⑥-保温

图集号 18R417-2

页 107

材料明细表

	序号	公称直径 DN	吊架间距 (m)	管总重 (kg)	扩底锚栓① 规格型号	件数	槽钢悬臂② 规格型号	件数	钢板底座③ 厚度(mm)	件数	导向管夹④ 轴向位移	件数
不保温	1	15~25	2	10	M10	2	41×41×2.0	1	≥8.0	1	≤100	1
	2	32	2	20								
	3	40	3	30								
	4	50	3	40								
	5	65	3	50								
保温	6	15~20	2	20	M10	2	41×41×2.0	1	≥8.0	1	≤100	1
	7	25~32	2	30								
	8	40	3	50								
	9	50	3	70								

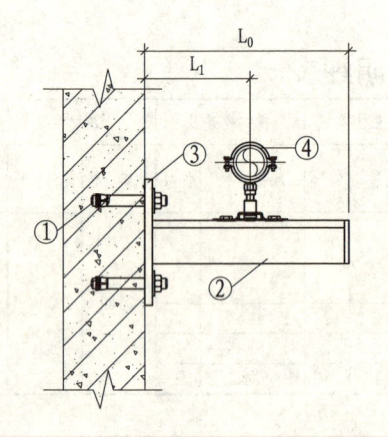

主视图

尺寸表

序号	公称直径 DN	不保温 L_0	不保温 L_1	保温 L_0	保温 L_1
1	15	320	160	480	240
2	20	320	160	480	240
3	25	330	170	490	250
4	32	340	170	500	250
5	40	340	170	500	250
6	50	350	180	510	260
7	65	370	190	—	—

注：
1. 单管总重指两个装配式承重支吊架间的单根满水钢管总重量（保温管含保温层）。
2. 导向管夹应考虑承重，并应考虑放大系数，放大系数根据项目实际确定。
3. 槽钢悬臂②为C型槽钢。
4. 钢板底座③与槽钢悬臂②为一整体。

单管单悬臂导向支架

图集号 18R417-2

页 108

主视图

尺寸表

序号	公称直径 DN	L 不保温	L 保温
1	40	-	400
2	50	-	410
3	65	270	470
4	80	280	480
5	100	300	500
6	125	330	530

注:
1. 单管总重指两个装配式承重支吊架间的单根满水钢管总重量（保温管含保温层）。
2. 导向管夹应考虑承重，并应考虑放大系数，放大系数根据项目实际确定。
3. 槽钢立柱②、槽钢横梁③为C型槽钢。

材料明细表

	序号	公称直径 DN	吊架间距(m)	管总重(kg)	扩底锚栓① 规格型号	件数	槽钢立柱② 规格型号	件数	槽钢横梁③ 规格型号	件数	导向管夹④ 轴向位移	件数
不保温	1	65	3	50	M10	4	41×41×2.0	2	41×41×2.0	1	≤100	1
	2	80	3	70								
	3	100	3	90								
	4	125	3	120	M12	4	41×41×2.0	2	41×41×2.0	1		
保温	5	40	3	50	M10	4	41×41×2.0	2	41×41×2.0	1	≤100	1
	6	50	3	70								
	7	65	3	110								
	8	80	3	130								
	9	100	3	160								
	10	125	3	210	M12	4	41×41×2.0	2	41×41×2.5	1		

连接件性能参数表

	序号	公称直径 DN	槽钢底座⑤ 壁厚(mm)	设计拉力(kN)	设计压力(kN)	件数	槽钢连接件⑥ 壁厚(mm)	设计拉力(kN)	设计压力(kN)	件数	槽钢连接件⑦ 壁厚(mm)	设计拉力(kN)	设计压力(kN)	件数
不保温	1	65	≥6.0	≤5.0	≤6.0	2	≥4.0	≤3.0	≤4.5	2	≥4.0	≤3.0	≤4.0	2
	2	80												
	3	100												
	4	125												
保温	5	40	≥6.0	≤5.0	≤6.0	2	≥4.0	≤3.0	≤4.5	2	≥4.0	≤3.0	≤4.0	2
	6	50												
	7	65												
	8	80												
	9	100												
	10	125												

单管双立柱导向吊架①

图集号 18R417-2
页 109

材料明细表

序号	公称直径 DN	吊架间距 (m)	管总重 (kg)	扩底锚栓① 规格型号	件数	槽钢立柱② 规格型号	件数	槽钢横梁③ 规格型号	件数	导向管夹④ 轴向位移	件数
1	50	3	40	M10	4	41×41×2.0	2	41×41×2.0	1	≤100	1
2	65	6	100								
3	80	6	140								
4	100	6	180								
5	125	6	240								
6	150	6	320								
7	200	6	600	M12	4	41×41×2.0	2	41×62×2.5	1	≤100	1

主视图

H≤1500

尺寸表

序号	公称直径 DN	L	序号	公称直径 DN	L
1	50	250	5	125	330
2	65	270	6	150	350
3	80	280	7	200	400
4	100	300			

连接件性能参数表

序号	公称直径 DN	槽钢底座⑤ 壁厚(mm)	设计拉力(kN)	设计压力(kN)	件数	槽钢连接件⑥ 壁厚(mm)	设计拉力(kN)	设计压力(kN)	件数	槽钢连接件⑦ 壁厚(mm)	设计拉力(kN)	设计压力(kN)	件数
1	50												
2	65												
3	80												
4	100	≥6.0	≤5.0	≤6.0	2	≥4.0	≤3.0	≤4.5	2	≥4.0	≤3.0	≤4.0	2
5	125												
6	150												
7	200												

注:
1. 单管总重指两个装配式承重支吊架间的单根满水钢管总重量。
2. 导向管夹应考虑承重,并应考虑放大系数,放大系数根据项目实际确定。
3. 槽钢立柱②、槽钢横梁③为C型槽钢。

单管双立柱导向吊架②-不保温

图集号 18R417-2
页 110

主视图

材料明细表

序号	公称直径DN	吊架间距(m)	管总重(kg)	扩底锚栓① 规格型号	件数	槽钢立柱② 规格型号	件数	槽钢横梁③ 规格型号	件数	滑动管夹④ 轴向位移	件数
1	50	3	70	M10	4	41×41×2.0	2	41×41×2.0	1	≤100	1
2	65	3	110								
3	80	3	130								
4	100	3	160								
5	125	3	210								
6	150	6	550	M10	4	41×41×2.0	2	41×62×2.5	1	≤100	1
7	200	6	970	M12	4	41×41×2.0	2	41×104×2.5	1	≤100	1

尺寸表

序号	公称直径DN	L	序号	公称直径DN	L
1	50	410	5	125	530
2	65	470	6	150	550
3	80	480	7	200	640
4	100	500			

连接件性能参数表

序号	公称直径DN	槽钢底座⑤ 壁厚(mm)	设计拉力(kN)	设计压力(kN)	件数	槽钢连接件⑥ 壁厚(mm)	设计拉力(kN)	设计压力(kN)	件数	槽钢连接件⑦ 壁厚(mm)	设计拉力(kN)	设计压力(kN)	件数
1	50	≥6.0	≤5.0	≤6.0	2	≥4.0	≤3.0	≤4.5	2	≥4.0	≤3.0	≤4.0	2
2	65												
3	80												
4	100												
5	125												
6	150												
7	200	≥6.0	≤9.0	≤9.0	2	≥4.0	≤4.5	≤4.5	2	≥4.0	≤4.5	≤4.5	2

注:
1. 单管总重指两个装配式承重支吊架间的单根满水钢管总重量(含保温层)。
2. 导向管夹应考虑承重,并应考虑放大系数,放大系数根据项目实际确定。
3. 槽钢立柱②、槽钢横梁③为C型槽钢。

单管双立柱导向吊架②-保温

图集号 18R417-2

材料明细表

序号	公称直径DN	吊架间距(m)	单管总重(kg)	扩底锚栓① 规格型号	件数	槽钢立柱② 规格型号	件数	槽钢横梁③ 规格型号	件数	导向管夹④ 轴向位移	件数
1	50	3	40	M10	4	41×41×2.0	2	41×41×2.0	1	≤100	2
2	65	6	100	M10	4	41×41×2.0	2	41×41×2.0	1	≤100	2
3	80	6	140	M10	4	41×41×2.0	2	41×41×2.0	1	≤100	2
4	100	6	180	M10	4	41×41×2.0	2	41×41×2.0	1	≤100	2
5	125	6	240	M10	4	41×41×2.0	2	41×62×2.5	1	≤100	2
6	150	6	320	M12	4	41×41×2.0	2	41×82×2.5	1	≤100	2
7	200	6	600	M12	4	41×41×2.0	2	41×82×2.5	1	≤100	2

主视图

尺寸表

序号	公称直径DN	L_0	L_1	序号	公称直径DN	L_0	L_1
1	50	200	180	5	125	275	220
2	65	215	190	6	150	300	230
3	80	230	190	7	200	350	250
4	100	250	200				

连接件性能参数表

序号	公称直径DN	槽钢底座⑤ 壁厚(mm)	设计拉力(kN)	设计压力(kN)	件数	槽钢连接件⑥ 壁厚(mm)	设计拉力(kN)	设计压力(kN)	件数	槽钢连接件⑦ 壁厚(mm)	设计拉力(kN)	设计压力(kN)	件数
1	50	≥6.0	≤5.0	≤6.0	2	≥4.0	≤3.0	≤4.5	2	≥4.0	≤3.0	≤4.0	2
2	65	≥6.0	≤5.0	≤6.0	2	≥4.0	≤3.0	≤4.5	2	≥4.0	≤3.0	≤4.0	2
3	80	≥6.0	≤5.0	≤6.0	2	≥4.0	≤3.0	≤4.5	2	≥4.0	≤3.0	≤4.0	2
4	100	≥6.0	≤5.0	≤6.0	2	≥4.0	≤3.0	≤4.5	2	≥4.0	≤3.0	≤4.0	2
5	125	≥6.0	≤5.0	≤6.0	2	≥4.0	≤3.0	≤4.5	2	≥4.0	≤3.0	≤4.0	2
6	150	≥6.0	≤5.0	≤6.0	2	≥4.0	≤3.0	≤4.5	2	≥4.0	≤3.0	≤4.0	2
7	200	≥6.0	≤9.0	≤9.0	2	≥4.0	≤4.5	≤4.5	2	≥4.0	≤4.5	≤4.5	2

注：
1. 单管总重指两个装配式承重支吊架间的单根满水钢管总重量。
2. 导向管夹应考虑承重，并应考虑放大系数，放大系数根据项目实际确定。
3. 槽钢立柱②、槽钢横梁③为C型槽钢。

双管双立柱导向吊架①-不保温

图集号 18R417-2

材料明细表

序号	公称直径DN	吊架间距(m)	单管总重(kg)	扩底锚栓① 规格型号	扩底锚栓① 件数	槽钢立柱② 规格型号	槽钢立柱② 件数	槽钢横梁③ 规格型号	槽钢横梁③ 件数	导向管夹④ 轴向位移	导向管夹④ 件数
1	50	3	70	M10	4	41×41×2.0	2	41×41×2.0	1	≤100	2
2	65	3	110	M10	4	41×41×2.0	2	41×41×2.0	1	≤100	2
3	80	3	130	M10	4	41×41×2.0	2	41×41×2.0	1	≤100	2
4	100	3	160	M10	4	41×41×2.0	2	41×41×2.5	1	≤100	2
5	125	3	210	M10	4	41×41×2.0	2	41×62×2.5	1	≤100	2
6	150	3	280	M10	4	41×41×2.0	2	41×62×2.75	1	≤100	2
7	200	3	490	M12	4	41×41×2.0	2	41×124×2.5	1	≤100	2

主视图

尺寸表

序号	公称直径DN	L_0	L_1	序号	公称直径DN	L_0	L_1
1	50	360	260	5	125	475	320
2	65	415	290	6	150	500	330
3	80	430	290	7	200	590	370
4	100	450	300				

连接件性能参数表

序号	公称直径DN	槽钢底座⑤ 壁厚(mm)	槽钢底座⑤ 设计拉力(kN)	槽钢底座⑤ 设计压力(kN)	件数	槽钢连接件⑥ 壁厚(mm)	槽钢连接件⑥ 设计拉力(kN)	槽钢连接件⑥ 设计压力(kN)	件数	槽钢连接件⑦ 壁厚(mm)	槽钢连接件⑦ 设计拉力(kN)	槽钢连接件⑦ 设计压力(kN)	件数
1	50												
2	65												
3	80	≥6.0	≤5.0	≤6.0	2	≥4.0	≤3.0	≤4.5	2	≥4.0	≤3.0	≤4.0	2
4	100												
5	125												
6	150												
7	200	≥6.0	≤9.0	≤9.0	2	≥4.0	≤4.5	≤4.5	2	≥4.0	≤4.5	≤4.5	2

注：
1. 单管总重指两个装配式承重支吊架间的单根满水钢管总重量（含保温层）。
2. 导向管夹应考虑承重，并应考虑放大系数，放大系数根据项目实际确定。
3. 槽钢立柱②、槽钢横梁③为C型槽钢。

双管双立柱导向吊架①-保温

图集号 18R417-2

页 113

材料明细表

序号	公称直径 DN	吊架间距 (m)	单管总重 (kg)	扩底锚栓① 规格型号	件数	槽钢立柱② 规格型号	件数	槽钢横梁③ 规格型号	件数	导向管夹④ 轴向位移	件数
1	50	3	40								
2	65	6	100								
3	80	6	140	M10	4	41×41×2.0	2	41×41×2.0	2	≤100	2
4	100	6	180								
5	125	6	240								
6	150	6	320	M12	4	41×41×2.0	2	41×41×2.0	2		
7	200	6	600	M12	4	41×41×2.0	2	41×62×2.5	2		

主视图

尺寸表

序号	公称直径 DN	L	序号	公称直径 DN	L
1	50	250	5	125	330
2	65	270	6	150	350
3	80	280	7	200	400
4	100	300			

连接件性能参数表

序号	公称直径 DN	槽钢底座⑤ 壁厚(mm)	设计拉力(kN)	设计压力(kN)	件数	槽钢连接件⑥ 壁厚(mm)	设计拉力(kN)	设计压力(kN)	件数	槽钢连接件⑦ 壁厚(mm)	设计拉力(kN)	设计压力(kN)	件数
1	50												
2	65												
3	80												
4	100	≥6.0	≤5.0	≤6.0	2	≥4.0	≤3.0	≤4.5	4	≥4.0	≤3.0	≤4.0	4
5	125												
6	150												
7	200	≥6.0	≤9.0	≤9.0	2	≥4.0	≤4.5	≤4.5	4	≥4.0	≤4.5	≤4.5	4

注：
1. 单管总重指两个装配式承重支吊架间的单根满水钢管总重量。
2. 导向管夹应考虑承重，并应考虑放大系数，放大系数根据项目实际确定。
3. 槽钢立柱②、槽钢横梁③为C型槽钢。

双管双立柱导向吊架②-不保温

图集号 18R417-2

材料明细表

序号	公称直径 DN	吊架间距 (m)	单管总重 (kg)	扩底锚栓① 规格型号	扩底锚栓① 件数	槽钢立柱② 规格型号	槽钢立柱② 件数	槽钢横梁③ 规格型号	槽钢横梁③ 件数	导向管夹④ 轴向位移	导向管夹④ 件数
1	50	3	70	M10	4	41×41×2.0	2	41×41×2.0	2	≤100	2
2	65	3	110	M10	4	41×41×2.0	2	41×41×2.0	2	≤100	2
3	80	3	130	M10	4	41×41×2.0	2	41×41×2.0	2	≤100	2
4	100	3	160	M10	4	41×41×2.0	2	41×41×2.0	2	≤100	2
5	125	3	210	M10	4	41×41×2.0	2	41×41×2.0	2	≤100	2
6	150	3	280	M12	4	41×41×2.0	2	41×41×2.0	2	≤100	2
7	200	3	490	M12	4	41×41×2.0	2	41×62×2.5	2	≤100	2

主视图

尺寸表

序号	公称直径 DN	L	序号	公称直径 DN	L
1	50	410	5	125	530
2	65	470	6	150	550
3	80	480	7	200	640
4	100	500			

连接件性能参数表

序号	公称直径 DN	槽钢底座⑤ 壁厚(mm)	槽钢底座⑤ 设计拉力(kN)	槽钢底座⑤ 设计压力(kN)	槽钢底座⑤ 件数	槽钢连接件⑥ 壁厚(mm)	槽钢连接件⑥ 设计拉力(kN)	槽钢连接件⑥ 设计压力(kN)	槽钢连接件⑥ 件数	槽钢连接件⑦ 壁厚(mm)	槽钢连接件⑦ 设计拉力(kN)	槽钢连接件⑦ 设计压力(kN)	槽钢连接件⑦ 件数
1	50	≥6.0	≤5.0	≤6.0	2	≥4.0	≤3.0	≤4.5	4	≥4.0	≤3.0	≤4.0	4
2	65	≥6.0	≤5.0	≤6.0	2	≥4.0	≤3.0	≤4.5	4	≥4.0	≤3.0	≤4.0	4
3	80	≥6.0	≤5.0	≤6.0	2	≥4.0	≤3.0	≤4.5	4	≥4.0	≤3.0	≤4.0	4
4	100	≥6.0	≤5.0	≤6.0	2	≥4.0	≤3.0	≤4.5	4	≥4.0	≤3.0	≤4.0	4
5	125	≥6.0	≤5.0	≤6.0	2	≥4.0	≤3.0	≤4.5	4	≥4.0	≤3.0	≤4.0	4
6	150	≥6.0	≤5.0	≤6.0	2	≥4.0	≤3.0	≤4.5	4	≥4.0	≤3.0	≤4.0	4
7	200	≥6.0	≤9.0	≤9.0	2	≥4.0	≤3.0	≤4.5	4	≥4.0	≤3.0	≤4.0	4

注：
1. 单管总重指两个装配式承重支吊架间的单根满水钢管总重量（含保温层）。
2. 导向管夹应考虑承重，并应考虑放大系数，放大系数根据项目实际确定。
3. 槽钢立柱②、槽钢横梁③为C型槽钢。

双管双立柱导向吊架②-保温

图集号 18R417-2
页 115

主视图

材料明细表

序号	公称直径DN	吊架间距(m)	单管总重(kg)	扩底锚栓① 规格型号	件数	槽钢立柱② 规格型号	件数	槽钢横梁③ 规格型号	件数	导向管夹④ 轴向位移	件数
1	50	3	40	M10	4	41×41×2.0	2	41×41×2.0	1		
2	65	6	100								
3	80	6	140	M10	4	41×41×2.0	2	41×62×2.5	1	≤100	3
4	100	6	180	M12	4	41×41×2.0	2	41×62×2.5	1		
5	125	6	240	M12	4	41×41×2.0	2	41×82×2.5	1		
6	150	6	320	M12	4	41×41×2.0	2	41×124×2.75	1		
7	200	6	600								

尺寸表

序号	公称直径DN	L_0	L_1	序号	公称直径DN	L_0	L_1
1	50	200	180	5	125	275	220
2	65	215	190	6	150	300	230
3	80	230	190	7	200	350	250
4	100	250	200				

连接件性能参数表

序号	公称直径DN	槽钢底座⑤ 壁厚(mm)	设计拉力(kN)	设计压力(kN)	件数	槽钢连接件⑥ 壁厚(mm)	设计拉力(kN)	设计压力(kN)	件数	槽钢连接件⑦ 壁厚(mm)	设计拉力(kN)	设计压力(kN)	件数
1	50												
2	65												
3	80	≥6.0	≤5.0	≤6.0	2	≥4.0	≤3.0	≤4.5	2	≥4.0	≤3.0	≤4.0	2
4	100												
5	125												
6	150	≥6.0	≤9.0	≤9.0	2	≥4.0	≤4.5	≤4.5	2	≥4.0	≤4.5	≤4.5	2
7	200	≥8.0	≤12.0	≤12.0	2	≥6.0	≤6.0	≤6.0	2	≥6.0	≤6.0	≤6.0	2

注：
1. 单管总重指两个装配式承重支吊架间的单根满水钢管总重量。
2. 导向管夹应考虑承重，并应考虑放大系数，放大系数根据项目实际确定。
3. 槽钢立柱②、槽钢横梁③为C型槽钢。

三管双立柱导向吊架①-不保温

图集号 18R417-2

主视图

材料明细表

序号	公称直径DN	吊架间距(m)	单管总重(kg)	扩底锚栓① 规格型号	扩底锚栓① 件数	槽钢立柱② 规格型号	槽钢立柱② 件数	槽钢横梁③ 规格型号	槽钢横梁③ 件数	导向管夹④ 轴向位移	导向管夹④ 件数
1	50	3	70	M10	4	41×21×2.0	2	41×41×2.0	1	≤100	3
2	65	3	110	M10	4	41×41×2.0	2	41×62×2.5	1	≤100	3
3	80	3	130	M10	4	41×41×2.0	2	41×62×2.5	1	≤100	3
4	100	3	160	M10	4	41×41×2.0	2	41×82×2.0	1	≤100	3
5	125	3	210	M12	4	41×41×2.0	2	41×104×2.5	1	≤100	3
6	150	3	280	M12	4	41×41×2.0	2	41×104×2.5	1	≤100	3

尺寸表

序号	公称直径DN	L_0	L_1	序号	公称直径DN	L_0	L_1
1	50	360	260	4	100	450	300
2	65	415	290	5	125	475	320
3	80	430	290	6	150	500	330

连接件性能参数表

序号	公称直径DN	槽钢底座⑤ 壁厚(mm)	槽钢底座⑤ 设计拉力(kN)	槽钢底座⑤ 设计压力(kN)	槽钢底座⑤ 件数	槽钢连接件⑥ 壁厚(mm)	槽钢连接件⑥ 设计拉力(kN)	槽钢连接件⑥ 设计压力(kN)	槽钢连接件⑥ 件数	槽钢连接件⑦ 壁厚(mm)	槽钢连接件⑦ 设计拉力(kN)	槽钢连接件⑦ 设计压力(kN)	槽钢连接件⑦ 件数
1	50												
2	65												
3	80	≥6.0	≤5.0	≤6.0	2	≥4.0	≤3.0	≤4.5	2	≥4.0	≤3.0	≤4.0	2
4	100												
5	125												
6	150	≥6.0	≤6.0	≤6.0	2	≥4.0	≤3.0	≤4.5	2	≥4.0	≤3.0	≤4.0	2

注：
1. 单管总重指两个装配式承重支吊架间的单根满水钢管总重量（含保温层）。
2. 导向管夹应考虑承重，并应考虑放大系数，放大系数根据项目实际确定。
3. 槽钢立柱②、槽钢横梁③为C型槽钢。

三管双立柱导向吊架①-保温

图集号 18R417-2

页 117

材料明细表

序号	公称直径 DN	吊架间距 (m)	单管总重 (kg)	扩底锚栓① 规格型号	件数	槽钢立柱② 规格型号	件数	槽钢横梁③ 规格型号	件数	导向管夹④ 轴向位移	件数
1	50	3	40								
2	65	6	100	M10	4	41×41×2.0	2	41×41×2.0	2		
3	80	6	140								
4	100	6	180	M12	4	41×41×2.0	2	41×41×2.0	2	≤100	3
5	125	6	240	M12	4	41×41×2.0	2	41×62×2.5	2		
6	150	6	320	M12	4	41×41×2.0	2	41×62×2.5	2		
7	200	6	600								

主视图

尺寸表

序号	公称直径DN	L_0	L_1	序号	公称直径DN	L_0	L_1
1	50	200	180	5	125	275	220
2	65	215	190	6	150	300	230
3	80	230	190	7	200	350	250
4	100	250	200				

连接件性能参数表

序号	公称直径 DN	槽钢底座⑤ 壁厚(mm)	设计拉力(kN)	设计压力(kN)	件数	槽钢连接件⑥ 壁厚(mm)	设计拉力(kN)	设计压力(kN)	件数	槽钢连接件⑦ 壁厚(mm)	设计拉力(kN)	设计压力(kN)	件数
1	50												
2	65												
3	80	≥6.0	≤5.0	≤6.0	2	≥4.0	≤3.0	≤4.5	4	≥4.0	≤3.0	≤4.0	4
4	100												
5	125												
6	150	≥6.0	≤9.0	≤9.0	2	≥4.0	≤3.0	≤4.5	4	≥4.0	≤3.0	≤4.0	4
7	200	≥8.0	≤12.0	≤12.0	2	≥4.0	≤4.5	≤4.5	4	≥4.0	≤4.5	≤4.5	4

注：
1. 单管总重指两个装配式承重支吊架间的一根满水钢管总重量。
2. 导向管夹应考虑承重，并应考虑放大系数，放大系数根据项目实际确定。
3. 槽钢立柱②、槽钢横梁③为C型槽钢。

三管双立柱导向吊架②-不保温

图集号 18R417-2

主视图

材料明细表

序号	公称直径DN	吊架间距(m)	单管总重(kg)	扩底锚栓① 规格型号	件数	槽钢立柱② 规格型号	件数	槽钢横梁③ 规格型号	件数	导向管夹④ 轴向位移	件数
1	50	3	70	M10	4	41×41×2.0	2	41×41×2.0	2	≤100	3
2	65	3	110	M10	4	41×41×2.0	2	41×41×2.0	2	≤100	3
3	80	3	130	M10	4	41×41×2.0	2	41×41×2.0	2	≤100	3
4	100	3	160	M10	4	41×41×2.0	2	41×41×2.5	2	≤100	3
5	125	3	210	M12	4	41×41×2.0	2	41×62×2.5	2	≤100	3
6	150	3	280	M12	4	41×41×2.0	2	41×62×2.75	2	≤100	3

尺寸表

序号	公称直径DN	L_0	L_1	序号	公称直径DN	L_0	L_1
1	50	360	260	4	100	450	300
2	65	415	290	5	125	475	320
3	80	430	290	6	150	500	330

连接件性能参数表

序号	公称直径DN	槽钢底座⑤ 壁厚(mm)	设计拉力(kN)	设计压力(kN)	件数	槽钢连接件⑥ 壁厚(mm)	设计拉力(kN)	设计压力(kN)	件数	槽钢连接件⑦ 壁厚(mm)	设计拉力(kN)	设计压力(kN)	件数
1	50												
2	65												
3	80	≥6.0	≤5.0	≤6.0	2	≥4.0	≤3.0	≤4.5	4	≥4.0	≤3.0	≤4.0	4
4	100												
5	125												
6	150	≥6.0	≤6.0	≤6.0	2	≥4.0	≤3.0	≤4.5	4	≥4.0	≤3.0	≤4.0	4

注：
1. 单管总重指两个装配式承重支吊架间的单根满水钢管总重量（含保温层）。
2. 导向管夹应考虑承重，并应考虑放大系数，放大系数根据项目实际确定。
3. 槽钢立柱②、槽钢横梁③为C型槽钢。

三管双立柱导向吊架②-保温

图集号 18R417-2
页 119

材料明细表

序号	公称直径DN	吊架间距(m)	单管总重(kg)	扩底锚栓① 规格型号	件数	槽钢立柱② 规格型号	件数	槽钢横梁③ 规格型号	件数	导向管夹④ 轴向位移	件数
1	50	3	40								
2	65	6	100	M10	4	41×41×2.0	2	41×41×2.0	2		
3	80	6	140								
4	100	6	180	M12	4	41×41×2.0	2	41×41×2.0	2	≤100	3
5	125	6	240	M12	4	41×41×2.0	2	41×62×2.5	2		
6	150	6	320	M12	4	41×41×2.0	2	41×62×2.5	2		
7	200	6	600								

尺寸表

序号	公称直径DN	L_0	L_1	序号	公称直径DN	L_0	L_1
1	50	200	180	5	125	275	220
2	65	215	190	6	150	300	230
3	80	230	190	7	200	350	250
4	100	250	200				

连接件性能参数表

序号	公称直径DN	槽钢底座⑤ 壁厚(mm)	设计拉力(kN)	设计压力(kN)	件数	槽钢连接件⑥ 壁厚(mm)	设计拉力(kN)	设计压力(kN)	件数	槽钢连接件⑦ 壁厚(mm)	设计拉力(kN)	设计压力(kN)	件数
1	50												
2	65												
3	80	≥6.0	≤5.0	≤6.0	2	≥4.0	≤3.0	≤4.5	4	≥4.0	≤3.0	≤4.0	4
4	100												
5	125												
6	150	≥6.0	≤9.0	≤9.0	2	≥4.0	≤3.0	≤4.5	4	≥4.0	≤3.0	≤4.0	4
7	200	≥8.0	≤12.0	≤12.0	2	≥4.0	≤3.0	≤4.5	4	≥4.0	≤3.0	≤4.0	4

主视图

注：
1. 单管总重指两个装配式承重支吊架间的单根满水钢管总重量。
2. 导向管夹应考虑承重，并应考虑放大系数，放大系数根据项目实际确定。
3. 槽钢立柱②、槽钢横梁③为C型槽钢。

三管双立柱导向吊架③-不保温

图集号 18R417-2

主视图

尺寸表

序号	公称直径DN	L_0	L_1	序号	公称直径DN	L_0	L_1
1	50	360	260	4	100	450	300
2	65	415	290	5	125	475	320
3	80	430	290	6	150	500	330

注:
1. 单管总重指两个装配式承重支吊架间的单根满水钢管总重量（含保温层）。
2. 导向管夹应考虑承重，并应考虑放大系数，放大系数根据项目实际确定。
3. 槽钢立柱②、槽钢横梁③为C型槽钢。

材料明细表

序号	公称直径DN	吊架间距(m)	单管总重(kg)	扩底锚栓① 规格型号	扩底锚栓① 件数	槽钢立柱② 规格型号	槽钢立柱② 件数	槽钢横梁③ 规格型号	槽钢横梁③ 件数	导向管夹④ 轴向位移	导向管夹④ 件数
1	50	3	70	M10	4	41×41×2.0	2	41×41×2.0	2	≤100	3
2	65	3	110	M10	4	41×41×2.0	2	41×41×2.0	2	≤100	3
3	80	3	130	M10	4	41×41×2.0	2	41×41×2.0	2	≤100	3
4	100	3	160	M10	4	41×41×2.0	2	41×41×2.5	2	≤100	3
5	125	3	210	M12	4	41×41×2.0	2	41×62×2.5	2	≤100	3
6	150	3	280	M12	4	41×41×2.0	2	41×62×2.75	2	≤100	3

连接件性能参数表

序号	公称直径DN	槽钢底座⑤ 壁厚(mm)	槽钢底座⑤ 设计拉力(kN)	槽钢底座⑤ 设计压力(kN)	槽钢底座⑤ 件数	槽钢连接件⑥ 壁厚(mm)	槽钢连接件⑥ 设计拉力(kN)	槽钢连接件⑥ 设计压力(kN)	槽钢连接件⑥ 件数	槽钢连接件⑦ 壁厚(mm)	槽钢连接件⑦ 设计拉力(kN)	槽钢连接件⑦ 设计压力(kN)	槽钢连接件⑦ 件数
1	50												
2	65												
3	80	≥6.0	≤5.0	≤6.0	2	≥4.0	≤3.0	≤4.5	4	≥4.0	≤3.0	≤4.0	4
4	100												
5	125												
6	150	≥6.0	≤6.0	≤6.0	2	≥4.0	≤3.0	≤4.5	4	≥4.0	≤3.0	≤4.0	4

三管双立柱导向吊架③-保温

图集号 18R417-2 页 121

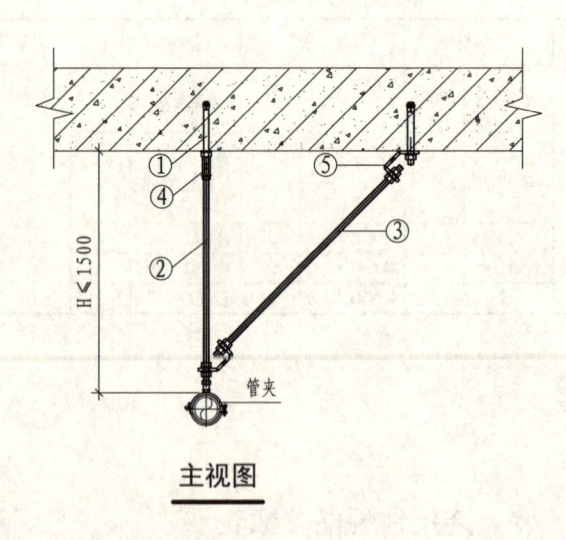

材料明细表

序号	公称直径 DN	扩底锚栓① 规格型号	件数	通丝杆② 规格型号	件数	通丝杆③ 规格型号	件数
1	15~25						
2	32	M10	1	M10	1	M10	1
3	40						

主视图

H≤1500

连接件性能参数表

序号	公称直径 DN	通丝杆接头④ 壁厚（mm）	设计拉力（kN）	件数	通丝杆连接件⑤ 壁厚（mm）	设计拉力（kN）	设计压力（kN）	件数
1	15~25							
2	32	≥6.0	≤6.0	1	≥5.0	≤4.0	≤6.0	2
3	40							

注：
1. 本图集防晃支架不承担重量。
2. 防晃支架按相关规范要求设置。
3. 通丝杆③处扩底锚栓根据现场情况核算确定。

单管单通丝杆防晃吊架

图集号 18R417-2

材料明细表

序号	公称直径 DN	扩底锚栓①		槽钢立柱②		槽钢斜撑③	
		规格型号	件数	规格型号	件数	规格型号	件数
1	50	M10	2	41×41×2.0	1	41×41×2.0	1
2	65						
3	80						
4	100	M12	2	41×41×2.0	1	41×41×2.0	1
5	125						
6	150						

主视图

注：
1. 本图集防晃支架不承担重量。
2. 防晃支架按相关规范要求设置。
3. 槽钢立柱②、槽钢斜撑③为C形槽钢。
4. 槽钢斜撑③处扩底锚栓根据现场情况核算确定。

连接件性能参数表

序号	公称直径 DN	槽钢底座④				槽钢连接件⑤				槽钢连接件⑥			
		壁厚(mm)	设计拉力(kN)	设计压力(kN)	件数	壁厚(mm)	设计拉力(kN)	设计压力(kN)	件数	壁厚(mm)	设计拉力(kN)	设计压力(kN)	件数
1	50	≥6.0	≤6.0	≤6.0	1	≥5.0	≤4.0	≤6.0	2	≥5.0	≤4.0	≤5.0	1
2	65												
3	80												
4	100	≥6.0	≤6.0	≤9.0	1	≥5.0	≤7.0	≤9.0	2	≥5.0	≤7.0	≤9.0	1
5	125												
6	150												

单管单立柱防晃吊架

图集号 18R417-2

材料明细表

序号	公称直径 DN	扩底锚栓①		槽钢立柱②		槽钢横梁③		槽钢斜撑④	
		规格型号	件数	规格型号	件数	规格型号	件数	规格型号	件数
1	65	M10	4	41×41×2.0	2	41×41×2.0	1	41×41×2.0	1
2	80								
3	100	M12	4	41×41×2.0	2	41×41×2.0	1	41×41×2.0	1
4	125								
5	150	M12	4	41×41×2.0	2	41×62×2.5	1	41×41×2.0	1
6	200								

主视图

注:
1. 本图集防晃支架不承担重量。
2. 防晃支架按相关规范要求设置。
3. H、L由现场确定。
4. 槽钢立柱②、槽钢横梁③、槽钢斜撑④为C形槽钢。
5. 槽钢斜撑④处扩底锚栓根据现场情况核算确定。

连接件性能参数表

序号	公称直径 DN	槽钢底座⑤				槽钢连接件⑥				槽钢连接件⑦			
		壁厚(mm)	设计拉力(kN)	设计压力(kN)	件数	壁厚(mm)	设计拉力(kN)	设计压力(kN)	件数	壁厚(mm)	设计拉力(kN)	设计压力(kN)	件数
1	65	≥6.0	≤6.0	≤9.0	2	≥6.0	≤6.0	≤9.0	2	≥5.0	≤7.0	≤9.0	2
2	80												
3	100												
4	125												
5	150												
6	200												

单管双立柱防晃吊架

图集号 18R417-2
页 124

材料明细表

序号	公称直径 DN	扩底锚栓① 规格型号	件数	槽钢立柱② 规格型号	件数	槽钢横梁③ 规格型号	件数	槽钢斜撑④ 规格型号	件数
1	15~20	M10	4	41×41×2.0	2	41×41×2.0	1	41×41×2.0	1
2	25~32								
3	40								
4	50								
5	65								
6	80								

主视图

注：
1. 本图集防晃支架不承担重量。
2. 防晃支架按相关规范要求设置。
3. H、L_0、L_1 由现场确定。
4. 槽钢立柱②、槽钢横梁③、槽钢斜撑④为C形槽钢。
5. 槽钢斜撑④处扩底锚栓根据现场情况核算确定。

连接件性能参数表

序号	公称直径 DN	槽钢底座⑤ 壁厚(mm)	设计拉力(kN)	设计压力(kN)	件数	槽钢连接件⑥ 壁厚(mm)	设计拉力(kN)	设计压力(kN)	件数	槽钢连接件⑦ 壁厚(mm)	设计拉力(kN)	设计压力(kN)	件数
1	15~25	≥6.0	≤6.0	≤9.0	2	≥5.0	≤6.0	≤9.0	2	≥5.0	≤7.0	≤9.0	2
2	32												
3	40												
4	50												
5	65												
6	80												

双管双立柱防晃吊架①

图集号 18R417-2

材料明细表

序号	公称直径DN	扩底锚栓① 规格型号	件数	槽钢立柱② 规格型号	件数	槽钢横梁③ 规格型号	件数	槽钢斜撑④ 规格型号	件数
1	100	M12	4	41×41×2.0	2	41×41×2.0	1	41×41×2.0	2
2	125								
3	150	M12	4	41×41×2.0	2	41×62×2.5	1	41×41×2.0	2
4	200	M12	4	41×41×2.0	2	41×82×2.0	1	41×41×2.0	2

主视图

连接件性能参数表

序号	公称直径DN	槽钢底座⑤ 壁厚(mm)	设计拉力(kN)	设计压力(kN)	件数	槽钢连接件⑥ 壁厚(mm)	设计拉力(kN)	设计压力(kN)	件数	槽钢连接件⑦ 壁厚(mm)	设计拉力(kN)	设计压力(kN)	件数
1	100												
2	125	≥6.0	≤9.0	≤9.0	2	≥6.0	≤3.0	≤4.5	2	≥5.0	≤7.0	≤9.0	4
3	150												
4	200	≥6.0	≤9.0	≤9.0	2	≥6.0	≤9.0	≤9.0	2	≥5.0	≤7.0	≤9.0	4

注：
1. 本图集防晃支架不承担重量。
2. 防晃支架按相关规范要求设置。
3. H、L_0、L_1由现场确定。
4. 槽钢立柱②、槽钢横梁③、槽钢斜撑④为C形槽钢。
5. 槽钢斜撑④处扩底锚栓根据现场情况核算确定。

双管双立柱防晃吊架②

图集号 18R417-2
页 126

材料明细表

序号	公称直径 DN	扩底锚栓① 规格型号	件数	槽钢立柱② 规格型号	件数	槽钢横梁③ 规格型号	件数	槽钢斜撑④ 规格型号	件数
1	15~20								
2	25~32	M10	4	41×41×2.0	2	41×41×2.0	1	41×41×2.0	1
3	40								
4	50								
5	65	M10	4	41×41×2.0	2	41×62×2.0	1	41×41×2.0	1
6	80								
7	100	M12	4	41×41×2.0	2	41×82×2.5	1	41×41×2.0	1
8	125								
9	150	M12	4	41×41×2.0	2	41×104×2.5	1	41×41×2.0	1

主视图

注：
1. 本图集防晃支架不承担重量。
2. 防晃支架按相关规范要求设置。
3. H、L_0、L_1 由现场确定。
4. 槽钢立柱②、槽钢横梁③、槽钢斜撑④为C形槽钢。
5. 槽钢斜撑④处扩底锚栓根据现场情况核算确定。

连接件性能参数表

序号	公称直径 DN	槽钢底座⑤ 壁厚(mm)	设计拉力(kN)	设计压力(kN)	件数	槽钢连接件⑥ 壁厚(mm)	设计拉力(kN)	设计压力(kN)	件数	槽钢连接件⑦ 壁厚(mm)	设计拉力(kN)	设计压力(kN)	件数
1	15~25												
2	32												
3	40												
4	50	≥6.0	≤6.0	≤9.0	2	≥6.0	≤6.0	≤9.0	2	≥6.0	≤7.0	≤9.0	2
5	65												
6	80												
7	100												
8	125												
9	150	≥6.0	≤6.0	≤9.0	2	≥6.0	≤7.5	≤9.0	2	≥6.0	≤7.0	≤9.0	2

三管双立柱防晃吊架①

图集号 18R417-2

主视图

材料明细表

序号	公称直径 DN	扩底锚栓① 规格型号	件数	槽钢立柱② 规格型号	件数	槽钢横梁③ 规格型号	件数	槽钢斜撑④ 规格型号	件数
1	15~20								
2	25~32	M10	4	41×41×2.0	2	41×41×2.0	1	41×41×2.0	2
3	40								
4	50								
5	65	M12	4	41×41×2.0	2	41×62×2.0	1	41×41×2.0	2
6	80								
7	100	M12	4	41×41×2.0	2	41×82×2.5	1		
8	125								
9	150	M12	4	41×41×2.0	2	41×104×2.5	1		

连接件性能参数表

序号	公称直径 DN	槽钢底座⑤ 壁厚(mm)	设计拉力(kN)	设计压力(kN)	件数	槽钢连接件⑥ 壁厚(mm)	设计拉力(kN)	设计压力(kN)	件数	槽钢连接件⑦ 壁厚(mm)	设计拉力(kN)	设计压力(kN)	件数
1	15~25												
2	32												
3	40	≥6.0	≤6.0	≤9.0	2	≥5.0	≤3.0	≤4.5	2	≥6.0	≤7.0	≤9.0	4
4	50												
5	65												
6	80												
7	100	≥6.0	≤6.0	≤9.0	2	≥5.0	≤5.5	≤8.5	2	≥6.0	≤7.0	≤9.0	4
8	125	≥6.0	≤6.0	≤9.0	2	≥5.0	≤7.5	≤9.0	2	≥6.0	≤7.0	≤9.0	4
9	150												

注：
1. 本图集防晃支架不承担重量。
2. 防晃支架按相关规范要求设置。
3. H、L_0、L_1 由现场确定。
4. 槽钢立柱②、槽钢横梁③、槽钢斜撑④为C形槽钢。
5. 槽钢斜撑④处扩底锚栓根据现场情况核算确定。

三管双立柱防晃吊架②

图集号 18R417-2

常用单拼槽钢尺寸和力学特性表

槽钢规格				41×21×2.0	41×21×2.5	41×31×2.0	41×41×2.0	41×41×2.5	41×41×3.0
净截面面积		A	mm²	165.3	202.62	204.9	298.4	306.12	348.4
单位长度重量			kg/m	1.44	1.59	1.76	2.34	2.40	2.98
槽钢标准长度			m	6	6	6	6	6	6
屈服强度设计值		f_y	N/mm²	235	235	235	235	235	235
抗拉、抗压和抗弯强度设计值		f	N/mm²	205	205	205	205	205	205
抗剪强度设计值		f_v	N/mm²	120	120	120	120	120	120
弹性模量		E	N/mm²	206000	206000	206000	206000	206000	206000
剪变模量		G	N/mm²	79000	79000	79000	79000	79000	79000
	弯心距槽口	e_1	mm	10.84	10.61	16.01	21.68	20.80	21.52
	弯心距槽背	e_2	mm	9.76	9.99	14.99	19.62	20.50	19.78
Y轴	惯性矩	I_y	cm⁴	1.15	1.98	2.60	6.41	6.37	7.02
	截面模量 开口向上	W_{y1}	cm³	0.85	0.99	1.62	2.96	3.06	3.26
	截面模量 开口向下	W_{y2}	cm³	0.94	1.05	1.73	3.27	3.10	3.55
	回转半径	i_y	cm	0.74	0.72	1.13	1.50	1.44	1.42
Z轴	惯性矩	I_z	cm⁴	4.39	5.55	5.83	8.22	9.39	10.44
	截面模量	W_z	cm³	2.13	2.66	2.82	3.98	4.55	5.06
	回转半径	i_z	cm	1.63	1.65	1.69	1.70	1.75	1.73

注：
1. 本图所示槽钢是常用型号，当型号不同时需要进行核算。
2. 本图所示槽钢材质为Q235钢材，当钢材强度高于Q235时自行核算。
3. 本图所示槽钢为冲孔槽钢。

续表

槽钢规格				41×52×2.5	41×62×2.0	41×62×2.5	41×62×2.75	41×72×2.75
净截面面积		A	mm²	352.1	381.2	408.0	515.5	570.9
单位长度重量			kg/m	2.94	2.99	3.20	4.05	4.10
槽钢标准长度			m	6	6	6	6	6
屈服强度设计值		f_y	N/mm²	235	235	235	235	235
抗拉、抗压和抗弯强度设计值		f	N/mm²	205	205	205	205	205
抗剪强度设计值		f_v	N/mm²	120	120	120	120	120
弹性模量		E	N/mm²	206000	206000	206000	206000	206000
剪变模量		G	N/mm²	79000	79000	79000	79000	79000
Y轴	弯心距槽口	e_1	mm	26.67	32.11	31.02	32.35	36.79
	弯心距槽背	e_2	mm	25.33	29.89	30.88	29.65	35.22
	惯性矩	I_y	cm⁴	11.41	17.61	18.10	22.84	28.70
	截面模量 开口向上	W_{y1}	cm³	4.28	5.48	5.86	7.06	7.80
	截面模量 开口向下	W_{y2}	cm³	4.50	5.89	5.88	7.70	8.15
	回转半径	i_y	cm	1.80	2.19	2.10	2.14	2.41
Z轴	惯性矩	I_z	cm⁴	10.79	11.42	13.24	14.90	15.40
	截面模量	W_z	cm³	5.23	5.53	6.41	7.22	7.46
	回转半径	i_z	cm	1.75	1.76	1.80	1.73	1.77

注：
1. 本图所示槽钢是常用型号，当型号不同时需要进行核算。
2. 本图所示槽钢材质为Q235钢材，当钢材强度高于Q235时自行核算。
3. 本图所示槽钢为冲孔槽钢。

常用单拼槽钢尺寸和力学特性表

图集号 18R417-2

页 130

常用双拼槽钢尺寸和力学特性表

槽钢规格				41×41×2.0	41×41×2.5	41×62×2.5	41×82×2.0	41×82×2.5	41×104×2.5
净截面面积		A	mm²	330.6	405.25	504	490.3	612.25	843.0
单位长度重量			kg/m	2.90	3.18	4.40	4.19	4.81	6.62
槽钢标准长度			m	6	6	6	6	6	6
屈服强度设计值		f_y	N/mm²	235	235	235	235	235	235
抗拉、抗压和抗弯强度设计值		f	N/mm²	205	205	205	205	205	205
抗剪强度设计值		f_v	N/mm²	120	120	120	120	120	120
弹性模量		E	N/mm²	206000	206000	206000	206000	206000	206000
剪变模量		G	N/mm²	79000	79000	79000	79000	79000	79000
Y轴	弯心距槽口	e_1	mm	20.60	20.60	31.00	41.30	41.30	52.00
Y轴	弯心距槽背	e_2	mm	20.60	20.60	31.00	41.30	41.30	52.00
Y轴	惯性矩	I_y	cm⁴	4.98	6.14	17.30	30.69	38.46	75.37
Y轴	截面模量 开口向上	W_{y1}	cm³	2.42	2.98	5.58	7.43	9.31	14.49
Y轴	截面模量 开口向下	W_{y2}	cm³	2.42	2.98	5.58	7.43	9.31	14.49
Y轴	回转半径	i_y	cm	1.23	1.23	1.85	2.50	2.52	1.71
Z轴	惯性矩	I_z	cm⁴	8.78	10.98	14.09	14.67	18.78	23.79
Z轴	截面模量	W_z	cm³	4.25	5.32	6.89	7.10	9.10	11.52
Z轴	回转半径	i_z	cm	1.63	1.65	1.67	1.73	1.75	1.71

注：
1. 本图所示槽钢是常用型号，当型号不同时需要进行核算。
2. 本图所示槽钢材质为Q235钢材，当钢材强度高于Q235时自行核算。
3. 本图所示槽钢为冲孔槽钢。

常用双拼槽钢尺寸和力学特性表

图集号 18R417-2

续表

				41×124×2.0	41×124×2.5	41×124×2.75	41×124×2.75(52+72)	41×144×2.75
槽钢规格				41×124×2.0	41×124×2.5	41×124×2.75	41×124×2.75(52+72)	41×144×2.75
净截面面积		A	mm²	762.4	818.25	1031.8	844.9	1141.8
单位长度重量			kg/m	5.9	6.42	8.10	7.08	8.96
槽钢标准长度			m	6	6	6	6	6
屈服强度设计值		f_y	N/mm²	235	235	235	235	235
抗拉、抗压和抗弯强度设计值		f	N/mm²	205	205	205	205	205
抗剪强度设计值		f_v	N/mm²	120	120	120	120	120
弹性模量		E	N/mm²	206000	206000	206000	206000	206000
剪变模量		G	N/mm²	79000	79000	79000	79000	79000
Y轴	弯心距槽口	e_1	mm	62.00	62.00	62.00	62.02	72.00
	弯心距槽背	e_2	mm	62.00	62.00	62.00	61.99	72.00
	惯性矩	I_y	cm⁴	99.58	114.30	130.59	115.41	195.83
	截面模量 开口向上	W_{y1}	cm³	16.06	18.47	21.06	18.61	27.20
	截面模量 开口向下	W_{y2}	cm³	16.06	18.47	21.06	18.62	27.20
	回转半径	i_y	cm	3.68	3.74	3.62	3.70	4.21
Z轴	惯性矩	I_z	cm⁴	22.83	26.55	29.79	26.13	33.89
	截面模量	W_z	cm³	11.06	12.86	14.43	12.65	16.40
	回转半径	i_z	cm	1.76	1.80	1.73	1.76	1.75

注：
1. 本图所示槽钢是常用型号，当型号不同时需要进行核算。
2. 本图所示槽钢材质为Q235钢材，当钢材强度高于Q235时自行核算。
3. 本图所示槽钢为冲孔槽钢。

常用双拼槽钢尺寸和力学特性表

槽钢底座	DZ-01	DZ-02	DZ-03	DZ-04	DZ-05	DZ-06
槽钢底座	DZ-07	DZ-08	DZ-09	DZ-10	DZ-11	DZ-12
槽钢底座	DZ-13	DZ-14	DZ-15	DZ-16	DZ-17	DZ-18

注：
1. DZ-槽钢底座。
2. 本页所示为构件常用形式示意，仅供参考。

常用构件示意图

图集号 18R417-2
页 133

槽钢底座	DZ-19	DZ-20	DZ-21	DZ-22	DZ-23	DZ-24
托臂	TB-01	TB-02	TB-03	TB-04	TB-05	TB-06
托臂	TB-07	TB-08	TB-09	TB-10	TB-11	

注：
1. DZ-槽钢底座，TB-托臂。
2. 本页所示为构件常用形式示意，仅供参考。

常用构件示意图

图集号 18R417-2

页 134

连接件	LJ-1	LJ-2	LJ-3	LJ-4	LJ-5	LJ-6
连接件	LJ-7	LJ-8	LJ-9	LJ-10	LJ-11	LJ-12
连接件	LJ-13	LJ-14	LJ-15	LJ-16	LJ-17	LJ-18

注：
1. LJ-连接件。
2. 本页所示为构件常用形式示意，仅供参考。

常用构件示意图

图集号 18R417-2
页 135

连接件						
	LJ-19	LJ-20	LJ-21	LJ-22	LJ-23	LJ-24
连接件						
	LJ-25	LJ-26	LJ-27	LJ-28	LJ-29	LJ-30
连接件						
	LJ-31	LJ-32	LJ-33	LJ-34	LJ-35	LJ-36

注：
1. LJ-连接件。
2. 本页所示为构件常用形式示意，仅供参考。

常用构件示意图

图集号 18R417-2

抗震连接件					
KZLJ-1	KZLJ-2	KZLJ-3	KZLJ-4	KZLJ-5	KZLJ-6

抗震连接件					
KZLJ-7	KZLJ-8	KZLJ-9			

管夹					
GJ-1	GJ-2	GJ-3	GJ-4	GJ-5	GJ-6

注：
1. KZLJ-抗震连接件，GJ-管夹。
2. 本页所示为构件常用形式示意，仅供参考。

常用构件示意图

图集号 18R417-2
页 137

管夹	GJ-7	GJ-8	GJ-9	GJ-10	GJ-11	GJ-12
管夹	GJ-13	GJ-14	滑动管夹 GJ-15	导向管夹 GJ-16	U型抗震管夹 GJ-17	双立抗震管夹 GJ-18
预埋件	YM-1		梁夹	LJ-1		

注：
1. GJ-管夹、YM-预埋件、LJ-梁夹。
2. 本页所示为构件常用形式示意，仅供参考。

常用构件示意图

图集号 18R417-2
页 138

支吊架与主体结构连接节点示意

1. 支吊架与混凝土结构连接节点示意

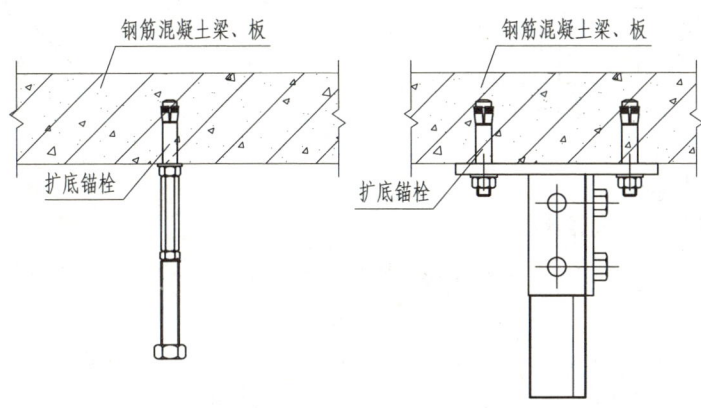

样式一 柔性支架生根节点（钢筋混凝土梁、板；扩底锚栓）

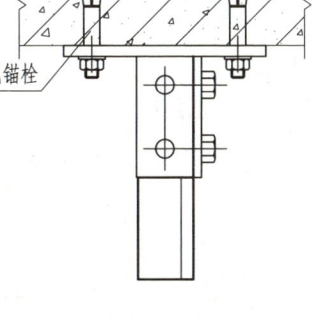

样式二 刚性支架生根节点（钢筋混凝土梁、板；扩底锚栓）

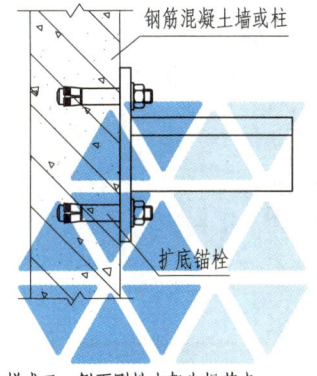

样式三 侧面刚性支架生根节点（钢筋混凝土墙或柱；扩底锚栓）

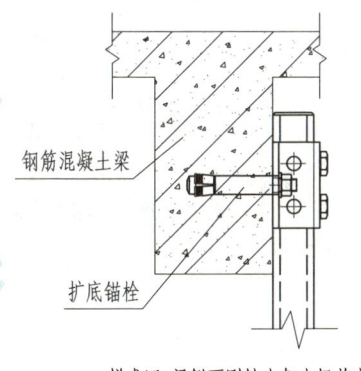

样式四 梁侧面刚性支架生根节点（钢筋混凝土梁；扩底锚栓）

2. 支吊架与钢结构连接节点示意

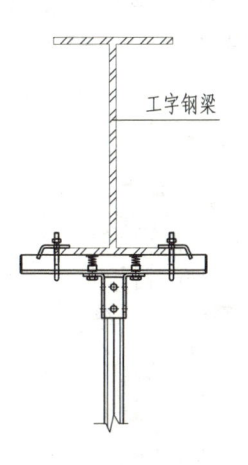

样式一 刚性支架生根节点（工字钢梁）

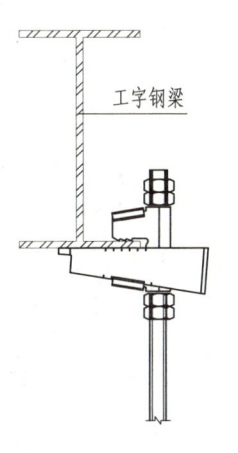

样式二 柔性支架生根节点（工字钢梁）

支吊架与主体结构连接节点示意图	图集号	18R417-2
	页	139

选型算例

以北京某甲级工程管道工程案例为背景,对位于建筑顶层的双管双立柱侧向抗震吊架构件及连接进行计算。管道为DN100空调水管,管道壁厚4mm,抗震设防烈度8度,承重支吊架同抗震支吊架混合设置,承重支吊架间距为3m,抗震支吊架间距为12m,支吊架高度为1.5m。

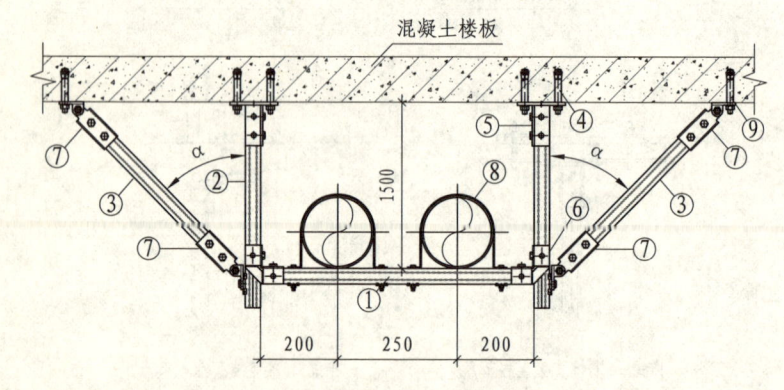

1-槽钢横梁　2-槽钢立柱　3-槽钢斜撑　4-扩底锚栓　5-槽钢底座
6-槽钢连接件　7-抗震连接件　8-管夹　9-扩底锚栓

1 计算简图

计算简图为:

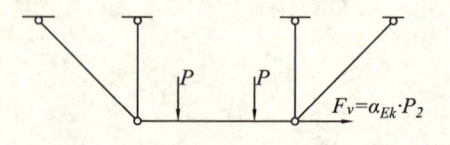

P_1、P_2分别对应承重支吊架和抗震支吊架对应的管道自重荷载

考虑横梁跨中承受管道集中荷载,计算简图可简化为:

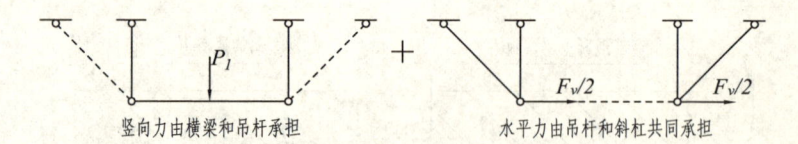

竖向力由横梁和吊杆承担 ＋ 水平力由吊杆和斜杠共同承担

2 荷载组合

2.1 承载能力极限状态:

$$S_d \leqslant \frac{R_d}{\gamma_{RE}}$$

不考虑抗震时,活荷载控制组合:$S_d=1.2D+1.4L$;

不考虑抗震时,恒荷载控制组合:$S_d=1.35D+0.98L$;

考虑抗震时,恒荷载对结构承载力有利的组合:
$$S_d=1.0S_{GE}\pm1.3S_{Ehk};$$

考虑抗震时,恒荷载对结构承载力不利的组合:
$$S_d=1.2S_{GE}\pm1.3S_{Ehk}。$$

式中:　D - 恒荷载标准值;
　　　　L - 活荷载标准值;
　　　　S_{GE} - 重力荷载代表值的效应;
　　　　S_{Ehk} - 水平地震作用标准值的效应;
　　　　S_d - 荷载和地震作用组合的效应设计值。

2.2 正常使用极限状态:

$$S_d \leqslant C$$

式中:$S_d=D+L$;

选型算例	图集号	18R417-2
	页	140

3 槽钢横梁

3.1 计算简图

将槽钢横梁简化为简支梁中部承担集中力荷载模型:

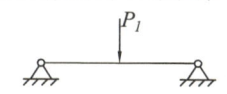

3.2 横梁计算过程

管道为DN100,管道外径108mm,按照满水钢管计算重量。
承重支吊架竖向力按照3m间距计算的集中力标准值为:
查总说明表3可得DN100保温管道满水重量为39.29kg/m;
其中:水重为 $(1000 \times \pi \times 50^2) \times 10^{-6} \times 1 = 7.854$ kg/m

管道自重 $D_1 = 2 \times 3 \times 10^{-3} \times (39.29 - 7.854) = 1.886$ kN
水重 $L_1 = 2 \times 3 \times 10^{-3} \times 7.854 = 0.471$ kN

不考虑抗震时,活荷载控制组合:
$$P_1 = 1.2D_1 + 1.4L_1 = 1.2 \times 1.886 + 1.4 \times 0.471 = 2.923 \text{kN}$$

不考虑抗震时,恒荷载控制组合:
$$P_1 = 1.35 \times 1.886 + 0.98 \times 0.471 = 3.008 \text{kN}$$

取上述两个组合的较大值: $P_1 = 3.008$ kN

抗震吊架水平力按照12m间距计算的集中力标准值为:
$$D_2 = 2 \times 12 \times 10^{-3}(39.29 - 7.854) = 7.545 \text{kN}$$
$$L_2 = 2 \times 12 \times 10^{-3} \times 7.854 = 1.885 \text{kN}$$

重力荷载代表值 $G_2 = D_2 + 0.5L_2 = 7.545 + 0.5 \times 1.885 = 8.488$ kN

水平地震荷载标准值为: $F_{dz} = \alpha_{Ek} \cdot G_2$
$$\alpha_{Ek} = \gamma \cdot \eta \cdot \zeta_1 \cdot \zeta_2 \cdot \alpha_{max}$$

式中: α_{Ek} — 水平地震力综合系数,当 $\alpha_{Ek} < 0.5$ 时取0.5;
γ — 非结构构件功能系数;
η — 非结构构件类别系数;
ζ_1 — 状态系数;
ζ_2 — 位置系数;
α_{max} — 地震影响系数最大值;
G_2 — 重力荷载代表值。

抗震设防烈度8度,分别根据现行国家标准《建筑机电工程抗震设计规范》GB 50981-2014 表3.3.5、表3.4.1和第3.4.5条查得,取 α_{max} 为0.16,类别系数 η 为1.0,功能系数为2.0,状态系数 ζ_1 为1.0,位置系数 ζ_2 为2.0。

$$\alpha_{Ek} = \gamma \cdot \eta \cdot \zeta_1 \cdot \zeta_2 \cdot \alpha_{max} = 2.0 \times 1.0 \times 1.0 \times 2.0 \times 0.16$$
$$= 0.64 > 0.5 \text{ 取} 0.64$$
$$F_{dz} = \alpha_{Ek} \cdot G_2 = 0.64 \times 8.488 = 5.432 \text{ kN}$$

横梁截面参数: 型号: $41 \times 41 \times 2.0$
截面积: $A = 298.4 \text{ mm}^2$ 线重: $g_h = 2.34$ kg/m
惯性矩: $I_y = 6.41 \text{ cm}^4$, $I_z = 8.22 \text{ cm}^4$;
回转半径: $i_y = 1.50$ cm, $i_z = 1.7$ cm;
抵抗矩: $W_y = 3.27 \text{ cm}^3$(开口向下), $W_z = 3.98 \text{ cm}^3$

集中荷载作用下横梁跨中弯矩设计值为:
$$M_{HL} = P_1 \cdot L_0/4 + g_h \cdot L_0^2/8 = 3.008 \times 0.65/4 + 0.0234 \times 1^2/8 = 0.49 \text{ kN} \cdot \text{m}$$

集中荷载引起的横梁截面最大应力为:
$$\sigma_1 = M_{HL}/W_y = 490000/3270 = 149.9 \text{ MPa}$$

水平地震作用引起的横梁截面最大应力为:
$$\sigma_2 = 1.3 F_{dz}/A = 1.3 \times 5432/298.4 = 23.7 \text{ MPa}$$

考虑集中荷载作用同水平地震作用下横梁应力叠加:
$$\sigma = \sigma_1 + \sigma_2 = 149.9 + 23.7 = 173.6 \text{ MPa} < 215 \text{ MPa} \text{满足强度要求。}$$

横梁两端最大反力设计值:
$$R_y = P_1/2 + g_h \cdot L_0/2 = 3.008/2 + 0.0234 \times 0.65/2 = 1.512 \text{ kN}$$

横梁挠度：

$P_{l1} = D_1 + L_1 = 1.886 + 0.471 = 2.357$ kN

$f_{h1} = P_{l1} \cdot L_0^3 / (48 \cdot E \cdot I_y) + 5 \cdot g_h \cdot L_0^4 / (384 \cdot E \cdot I_y)$

$= 2.357 \times 1000 \times 650^3 / (48 \times 206000 \times 6.41 \times 10^4) + 5 \times 0.0234 \times 650^4 / (384 \times 206000 \times 6.41 \times 10^4)$

$= 1.025$ mm

$1.025/650 = 1/634$ ，满足 $1/200$ 的要求。

横梁稳定性计算：

依据现行国家标准《钢结构设计规范》GB 50017-2017，在最大刚度主平面内受弯构件，其整体稳定性应按下式计算：

$$\frac{M_x}{\phi_b W_x} \leqslant f$$

式中 ϕ_b - 梁的整体稳定性系数。

对于槽钢简支梁：

$$\phi_b = \frac{570bt}{l_1 h} \times \frac{235}{f_y}$$

式中 h、b、t 分别为槽钢截面的高度、翼缘宽度和平均厚度；

l_1 为梁受压翼缘侧向支承点间的距离，对于跨中无侧向支承点的梁，l_1 为其跨度；

跨度：$l_1 = 650$ mm $b=41$mm $h=41$mm $t=2.0$mm

$\phi_b = \frac{570bt}{l_1 h} \times \frac{235}{f_y} = \frac{570 \times 41 \times 2}{650 \times 41} \times \frac{235}{235} = 1.754 > 0.6$

$\phi'_b = 1.07 - \frac{0.282}{\phi_b} = 1.07 - \frac{0.282}{1.754} = 0.909$

$M_{HL}/(\phi'_b \cdot W_y) = 0.49 \times 1000 \times 1000 / (0.909 \times 3.27 \times 1000)$

$= 164.8$ MPa < 215 MPa

按照受弯构件考虑，稳定性满足要求！

依据现行国家标准《钢结构设计规范》GB 50017-2017，压弯构件整体稳定性应按下式计算：

$$\frac{N}{\phi_y A} + \frac{\beta_{my} M_y}{\gamma_x W_{1x}(10.8 N / N_{EY}')} \leqslant f$$

式中：N - 所计算构件段范围内的轴心压力；

N_{Ey}' - 参数，$N_{Ey}' = \pi^2 EA / (1.1 \lambda_y^2)$；

ϕ_y - 弯矩作用平面内的轴心受压构件稳定系数；

M_y - 所计算构件段范围内的最大弯矩；

W_{1y} - 在弯矩作用平面内对较大受压纤维的毛截面模量；

β_{my} - 等效弯矩系数，取 $\beta_{my} = 1.0$。

$\lambda_y = L_0 / i_y = 650/15 = 43.3$ 查表得 $\phi_y = 0.885$

$N_{Ey}' = \pi^2 EA / (1.1 \lambda_y^2) = \pi^2 \times 206000 \times 298.4 / (1.1 \times 43.3^2) = 294169$ N

$\frac{N}{\phi_y A} + \frac{\beta_{my} M_y}{\gamma_x W_{1x}(10.8 N / N_{EY}')}$

$= \frac{1.3 \times 5432}{0.885 \times 298.4} + \frac{1.0 \times 0.49}{1.0 \times 3.27 \times 1000 \times (10.8 \times 1.3 \times 5432/294169)}$

$= 26.74$ MPa < 215 MPa

按照压弯构件考虑，稳定性满足要求！

4 槽钢斜撑

4.1 截面参数

型号：$41 \times 41 \times 2$

截面积：$A_{sg}=298.4mm^2$　　线重：$g_{hsg}=2.34kg/m$　　惯性矩：$I_{ysg}=6.41cm^4$，
$I_{zsg}=8.22cm^4$；
抵抗矩：$W_{ysg}=2.96cm^3$，$W_{zsg}=3.98cm^3$

4.2 计算过程

槽钢斜撑与竖杆共同承担侧向地震荷载作用，如下图所示。

槽钢斜撑承担轴向力设计值为：

$F_{xg}=1.3F_{dz}/\sin(45/180\cdot\pi)$
　　$=1.3\times5.432/\sin(45/180\cdot\pi)$
　　$=9.987kN$

斜撑最大压应力为：

$\sigma_{xg}=F_{xg}/A_{sg}=9987/298.4=33.5MPa < 215MPa$ 安全！

槽钢斜撑旋转半径：　$i_y=15.000\ mm$

长细比按现行国家标准《建筑机电工程抗震设计规范》GB 50981-2014
第8.3.8条，斜杆长细比不大于200。

槽钢斜撑长度：$H_x\leq i_y\cdot\lambda_y=15\times200\times10^{-3}=3.0\ m$

由计算可知，槽钢斜撑最大允许长度为3.0m。

$1.5/\sin(45/180\cdot\pi)=2.12m$ 满足要求。

5 槽钢立柱

5.1 截面参数

截面参数同槽钢斜撑。

5.2 计算过程

槽钢立柱为轴心受拉构件，轴力可分解为构件自重引起的轴力、槽钢横梁传来的集中力、水平地震作用引起的轴力。

5.2.1 不考虑抗震时

轴力设计值为：

$F_{sg}=1.35D_1+0.98L_1$
　　$=1.35\times(1.886+0.0234\times0.65)+0.98\times0.471=3.028kN$

5.2.2 考虑抗震时

水平地震作用下竖杆承担拉力或压力标准值为：$F_{sg}=F_{dz}=5.432kN$

轴力设计值为：$F_{sg}=1.2S_{GE}+1.3S_{Ehk}$
　　$=1.2\times(1.886+0.0234\times0.65+0.5\times0.471)+1.3\times5.432$
　　$=9.626KN$

取轴力设计值为$F_{sg}=9.626KN$

槽钢斜撑轴向拉力应力为：$\sigma_{sgh}=F_{sg}/A_{sg}=9626/298.4$
　　　　　　　　　　　　　　　　$=32.3MPa < 215MPa$ 安全！

长细比按现行国家标准《建筑机电工程抗震设计规范》GB 50981-2014
第8.3.8条，槽钢斜撑长细比不大于100。

槽钢斜撑旋转半径：　$i_s=15.0mm$

最大长细比：　$\lambda_s=100$

槽钢斜撑长度：$H=\lambda_s\cdot i_s=1.500m$

由计算可知，槽钢斜撑最大允许长度为1.500m，满足要求。

6 槽钢底座

6.1 截面参数

槽钢底座与槽钢立柱采用2颗M12螺栓连接在一起。

槽钢底座厚度6mm，槽钢立柱壁厚2.0mm。

槽钢底座计算简图如右图所示。

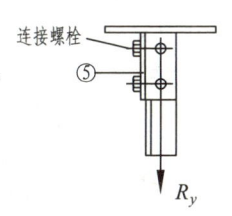

6.2 计算过程

槽钢底座承担来自槽钢立柱的拉力。

槽钢底座有效截面积：$A_{jmj}=48\times6\times2-6\times6-13.7\times6\times2=375.6mm^2$

槽钢底座最大拉应力为：$\sigma_{sg1j}=F_{sg}/A_{jmj}=9626/375.6$

选型算例	图集号	18R417-2
	页	143

=25.6MPa＜215MPa 安全！

槽钢底座及槽钢立柱局部承压验算：

F_{ac}=2.0×12×405=9.72kN 按照最小的槽钢立柱壁厚取值

F_{sg}/F_{ac}=9.626/2/9.72= 0.5＜1　　　　安全！

连接螺栓验算：

计算按照5.6级M12连接螺栓。

M12连接螺栓有效面积：A_s=84.27mm²

5.6级螺栓抗拉强度：f_t=210MPa

5.6级螺栓抗剪强度：f_v=190MPa

M12螺栓拉力设计值为：$F_t=f_t·A_s$=210×84.27×10⁻³=17.697kN

M12螺栓剪力设计值为：$V_t=f_v·A_s$=190×84.27×10⁻³=16.011kN

单个螺栓承担剪力为：$V_{1s}=F_{sg}/2$=9.626/2=4.813kN

V_{1s}/V_t=4.813/16.011=0.3＜1 安全！

槽钢底座与槽钢立柱连接安全！

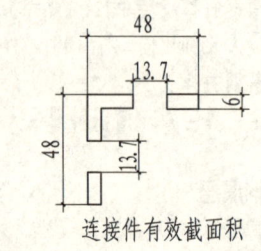

7 扩底锚栓

7.1 截面参数

槽钢底座采用2个M10扩底锚栓与主体结构连接。

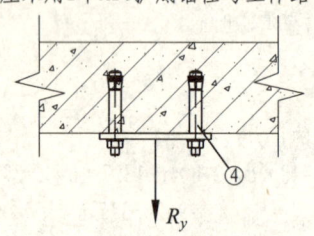

7.2 计算过程

单个扩底锚栓承担拉力为：$F_s=F_{sg}/2$=9.626/2=4.813kN

基材判定：

C30混凝土立方体抗压强度标准值：$f_{cu,k}$= 30MPa

扩底锚栓有效锚固深度：h_{ef}= 60mm

最小基材厚度：$h_{min}=\max(2·h_{ef},100)$ = 120mm

M10，8.8级扩底锚栓受拉承载力计算：

7.2.1 钢材破坏受拉承载力计算：

扩底锚栓屈服强度标准值：f_{yk}= 640MPa

M10扩底锚栓应力截面面积：A_s=54.08mm²

计算有效直径：d_1= 8.3mm 直径：d= 10mm 公称直径：d_{nom}= 15mm

螺栓数量：n_v= 2

扩底锚栓锚固连接重要性系数：γ_0=1.1

锚固承载力抗震调整系数：γ_{RE}=1.0

混凝土基材厚度：h= 120mm

扩底锚栓钢材破坏受拉承载力分项系数，按现行行业标准《混凝土结构后锚固设计规程》JGJ 145-2013表4.3.10采用；

扩底锚栓钢材破坏受拉承载力分项系数：γ_{RsN}= 1.2

混凝土锥体破坏受拉承载力分项系数：γ_{RcN}= 1.8

混凝土劈裂破坏受拉承载力分项系数：γ_{Rsp}= 1.8

扩底锚栓钢材破坏受剪承载力分项系数：γ_{RsV}= 1.2

混凝土边缘破坏受剪承载力分项系数：γ_{Rcv}= 1.5

混凝土剪撬破坏受剪承载力分项系数：γ_{cp}= 1.5

混合破坏承载力分项系数：γ_{Rp}= 1.8

扩底锚栓钢材破坏受拉承载力标准值：$N_{ks}=f_{yk}·A_s$
=640×54.08×10⁻³=34.61kN

选型算例

图集号 18R417-2

页 144

扩底锚栓钢材破坏受拉承载力设计值:
$$N_{ds}=N_{ks}/\gamma_{RsN}=34.61/1.2=28.84kN$$
经重要性及地震荷载系数系数调整之后单个扩底锚栓钢材破坏受拉承载力设计值: $N_{Rds}=N_{ds}/(\gamma_0 \cdot \gamma_{RE})=28.84/(1.1 \times 1.0)=26.22kN$

扩底锚栓钢材破坏受拉承载能力计算:
$$F_s/N_{Rds}=4.813/26.22=0.184 < 1 \text{ 安全!}$$
综上,扩底锚栓钢材受拉满足要求!

7.2.2 混凝土锥体破坏受拉承载能力计算:

扩底锚栓有效锚固深度: $h_{ef}=60mm$ (有效锚固深度见锚栓参数)

C30混凝土立方体抗压强度标准值: $f_{cu,k}=30MPa$

开裂混凝土单根锚栓受拉时,理想锥体破坏受拉承载力标准值:
$$N_{kco}=7.0 \cdot f_{cu,k}^{0.5} \cdot h_{ef}^{1.5}=7.0 \times 30^{0.5} \times 60^{1.5}=17819.09N$$

群锚受拉,混凝土实际锥体破坏投影面积:

扩底锚栓临界边距: $S_{cr,n}=3 \cdot h_{ef}=3 \times 60=180mm$

$c_1=1.5 \cdot h_{ef}=1.5 \times 60=90mm$

$s_1=S_{cr,n}=180mm$

$c_2=108mm$

$A_{cn}=(c_2+0.5S_{cr,n}) \cdot (s_1+S_{cr,n})$
   $=(108+0.5 \times 180) \times (180+180)$
   $=71280mm^2$

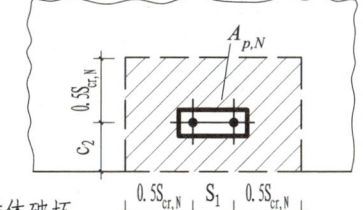

单根扩底锚栓受拉,混凝土理想锥体破坏
投影面积: $A_{cn0}=S_{cr,n}^2=180^2=32400mm^2$

混凝土锥体破坏且无间距效应及边缘效应情况下,每根锚栓达到受拉承载力标准值的临界边距,应取为$1.5h_{ef}$。

$C_{crN}=1.5h_{ef}=1.5 \times 60=90mm$

边距影响系数: $\phi_{sn}=0.7+0.3= 1$ (保守取值可取1)

钢筋剥离影响系数: $\phi_{ren}= 0.5+h_{ef}/200 = 0.5+60/200 = 0.8$

荷载偏心影响系数: $\phi_{ecn}=1/(1+2 \times 0/S_{cr,n})=1$

混凝土锥体破坏受拉承载力标准值:
$$N_{kc}=N_{kco} \cdot A_{cn}/A_{cn0} \cdot \phi_{sn} \cdot \phi_{ren} \cdot \phi_{ecn}$$
$$=17819.09 \times 71280/32400 \times 1 \times 0.8 \times 1=31361.6N$$

混凝土锥体破坏受拉承载力设计值: $\gamma_{RcN}=1.8$
$$N_{dc}=N_{kc}/\gamma_{RcN}=31361.6/1.8=17423N$$

经重要性及地震荷载系数系数调整之后混凝土锥体破坏时受拉承载力设计值:
$$N_{Rdc}=N_{dc}/(\gamma_0 \cdot \gamma_{RE})=17423/(1.1 \times 1.0)=15839.2N$$

混凝土锥体破坏受拉承载力计算: $F_{sg}/N_{Rdc}=9.626/15.839=0.908<1$安全!

综上,混凝土锥体破坏满足要求!

7.2.3 混凝土劈裂破坏承载力验算

临界边距: $C_{cr,sp}=3 \cdot h_{ef}=3 \times 60=180mm$

不计算劈裂破坏允许最小边距: $C_{minj}=1.5C_{cr,sp}=1.5 \times 180=270mm$

混凝土基材厚度:

不计算劈裂破坏允许最小基材厚度: $h_{min}=120mm$

计算可知,混凝土不需要验算劈裂破坏。

综上,后补锚栓安全!

8 抗震连接件用扩底锚栓

8.1. 截面参数

抗震连接件采用1个M12扩底锚栓与主体结构连接。

8.2. 计算过程

扩底锚栓承担拉力为: $F_{s1}=F_{xg} \cdot \cos(45/180 \times \pi)$
$=9.987 \times \cos(45/180 \times \pi)=7.062kN$

选型算例

图集号 18R417-2

页 145

锚栓承担剪力为：$V_{s1}=F_{xg}\cdot \sin(45/180\times \pi)$
　　　　　　　　　　$=9.987\times \sin(45/180\times \pi)=7.062\text{kN}$

8.2.1 扩底锚栓及混凝土受拉承载能力验算：
单个扩底锚栓承担拉力为：$F_s=F_{s1}=7.062\text{kN}$
单个扩底锚栓承担剪力为：$V_s=V_{s1}=7.062\text{kN}$
基材判定：
C30混凝土立方体抗压强度标准值：$f_{cu,k}=30\text{MPa}$
扩底锚栓有效锚固深度：$h_{ef}=60\text{mm}$
最小基材厚度：$h_{min}=\max(2\cdot h_{ef},100)=120\text{mm}$

8.2.2 M12,8.8级扩底锚栓受拉承载力计算：
钢材破坏受拉承载力计算：
扩底锚栓屈服强度标准值：$f_{yk}=640\text{MPa}$
M10扩底锚栓应力截面面积：$A_s=76.94\text{mm}^2$
计算有效直径：$d_1=9.9\text{mm}$
直径：$d=12\text{mm}$
公称直径：$d_{nom}=18\text{mm}$
扩底锚栓数量：$n_v=1$
扩底锚栓锚固连接重要性系数：$\gamma_0=1.1$
锚固承载力抗震调整系数：$\gamma_{RE}=1.0$
混凝土基材厚度：$h=120\text{ mm}$
扩底锚栓钢材破坏受拉承载力分项系数，按现行业标准《混凝土结构后锚固设计规程》JGJ 145-2013表4.3.10采用；
扩底锚栓钢材破坏受拉承载力分项系数：$\gamma_{RsN}=1.2$
混凝土锥体破坏受拉承载力分项系数：$\gamma_{RcN}=1.8$
混凝土劈裂破坏受拉承载力分项系数：$\gamma_{Rsp}=1.8$

扩底锚栓钢材破坏受剪承载力分项系数：$\gamma_{RsV}=1.2$
混凝土边缘破坏受剪承载力分项系数：$\gamma_{Rcv}=1.5$
混凝土剪撬破坏受剪承载力分项系数：$\gamma_{cp}=1.5$
混合破坏承载力分项系数：$\gamma_{Rp}=1.8$
扩底锚栓钢材破坏受拉承载力标准值：
　$N_{ks}=f_{yk}\cdot A_s=640\times 76.94=49.24\text{kN}$
扩底锚栓钢材破坏受拉承载力设计值：
　$N_{ds}=N_{ks}/\gamma_{RsN}=49.24/1.2=41.03\text{kN}$
经重要性及地震荷载系数系数调整之后单个扩底锚栓钢材破坏受拉承载力设计值：
　$N_{Rds}=N_{ds}/(\gamma_0\cdot \gamma_{RE})=41.03/(1.1\times 1.0)=37.3\text{kN}$
扩底锚栓钢材破坏受拉承载能力计算：
　$F_{s1}/N_{Rds}=7.062/37.3=0.189<1$ 安全！
综上，扩底锚栓钢材受拉满足要求！

8.2.3 混凝土锥体破坏受拉承载能力计算：
扩底锚栓有效锚固深度：$h_{ef}=60\text{mm}$
C30混凝土立方体抗压强度标准值：$f_{cu,k}=30\text{MPa}$
开裂混凝土单根扩底锚栓受拉时，理想锥体破坏受拉承载力标准值：
　$N_{kco}=7.0\cdot f_{cu,k}^{0.5}\cdot h_{ef}^{1.5}=7.0\times 30^{0.5}\times 60^{1.5}=17819.09\text{N}$
群锚受拉，混凝土实际锥体破坏投影面积：

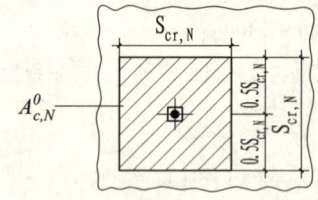

选型算例 | 图集号 18R417-2 | 页 146

扩底锚栓临界边距：$S_{cr,n} = 3h_{ef} = 3 \times 60 = 180mm$
$A_{cn} = S_{cr,n}^2 = 32400mm^2$
单根扩底锚栓受拉，混凝土理想锥体破坏投影面面积：
$A_{cn}^0 = S_{cr,n}^2 = 32400mm^2$
混凝土锥体破坏且无间距效应及边缘效应情况下，每根扩底锚栓达到受拉承载力标准值的临界边距，应取为$1.5h_{ef}$。
$C_{crN} = 1.5h_{ef} = 1.5 \times 60 = 90mm$
边距影响系数：$\phi_{sn} = 0.7 + 0.3 = 1$（保守取值可取1）
钢筋剥离影响系数：$\phi_{ren} = 0.5 + h_{ef}/200 = 0.5 + 60/200 = 0.8$
荷载偏心影响系数：$\phi_{ecn} = 1/(1 + 2 \times 0/S_{cr,n}) = 1$
混凝土锥体破坏受拉承载力标准值：
$N_{kc} = N_{kc0} \cdot A_{cn}/A_{cn0} \cdot \phi_{sn} \cdot \phi_{ren} \cdot \phi_{ecn}$
$= 17819.09 \times 32400/32400 \times 1 \times 0.8 \times 1 = 14255.3N$
混凝土锥体破坏受拉承载力设计值：
$\gamma_{RcN} = 1.8$
$N_{dc} = N_{kc}/\gamma_{RcN} = 14255.3/1.8 = 7919.6N$
经重要性及地震荷载系数系数调整之后混凝土锥体破坏时受拉承载力设计值：
$N_{Rdc} = N_{dc}/(\gamma_0 \cdot \gamma_{RE}) = 7199.6N$
扩底锚栓拉力：$F_{zz} = 7.062 \times 1000 = 7062N$
混凝土锥体破坏受拉承载力计算：
$F_{zz}/N_{Rdc} = 7062/7199.6 = 0.98 < 1$ 安全！
综上，混凝土锥体破坏满足要求！

8.2.4 混凝土劈裂破坏承载力验算

临界边距：$C_{cr,sp} = 3h_{ef} = 3 \times 60 = 180mm$
不计算劈裂破坏允许最小边距：$C_{minj} = 1.5C_{cr,sp} = 1.5 \times 180 = 270mm$

混凝土基材厚度：
不计算劈裂破坏允许最小基材厚度：$h_{min} = 120mm$
综上可知，混凝土需要验算劈裂破坏。
ϕ_{hsp}为构件厚度h对劈裂破坏受拉承载力的影响系数，当大于1.5时取1.5。
混凝土劈裂破坏受拉承载力标准值：$N_{ksp} = \phi_{hsp} \cdot N_{kc} = 31361.6N$
混凝土劈裂破坏受拉承载力设计值：$\gamma_{Rsp} = 1.8$
$N_{dsp} = N_{ksp}/\gamma_{Rsp} = 17423.1N$
经重要性及地震荷载系数调整之后混凝土劈裂破坏受拉承载力设计值：
$N_{Rdsp} = N_{dsp}/(\gamma_0 \cdot \gamma_{RE}) = 17423.1/(1.1 \times 1.0) = 15839.2N$
$F_{zz}/N_{Rdsp} = 7062/15839.2 = 0.45 < 1$ 安全！
综上，混凝土劈裂破坏安全！

9 抗震连接件

槽钢斜撑与槽钢立柱间采用一个M12螺栓连接。
螺栓承担来自槽钢斜撑的剪力，剪力大小为槽钢斜撑的轴向力。
计算按照5.6级M12连接螺栓。
M12连接螺栓有效面积：$A_s = 84.27mm^2$
5.6级螺栓抗拉强度：$f_t = 210MPa$
5.6级螺栓抗剪强度：$f_v = 190MPa$
M12螺栓拉力设计值为：$F_t = f_t \cdot A_s = 17.697kN$
M12螺栓剪力设计值为：$V_t = f_v \cdot A_s = 16.011kN$
单个螺栓承担剪力为：$V_{ls1} = F_{xg} = 9.987kN$
$V_{ls1}/V_t = 9.987/16.011 = 0.624 < 1$ 安全！
槽钢斜撑与槽钢立柱连接螺栓安全！

槽钢斜撑与主体结构之间抗震连接件的连接螺栓受力与槽钢斜撑与槽钢立柱之间抗震连接件相同，因此计算参见槽钢斜撑与槽钢立柱之间抗震连接件计算。槽钢斜撑与槽钢立柱之间抗震连接件有效截面承担槽钢斜撑轴向力产生的拉力，最大拉应力为：

$\sigma_{1j9}=F_{xg}/[(41-13.7)\times 6]=9987/[(41-13.7)\times 6]=60.97\text{MPa}<215\text{MPa}$
安全！

抗震连接件壁厚按照6mm计算，13.7mm为开孔直径。

抗震连接件局部承压验算：$F_{ac9}=6\times 12\times 405=29.16\text{kN}$

$F_{xg}/F_{ac9}=9.987/29.16=0.342<1$ 安全！

抗震连接件局部承压验算同槽钢斜撑与槽钢立柱连接件验算，安全！

10 槽钢连接件

槽钢横梁与槽钢立柱之间的槽钢连接件为6mm厚，宽80mm的钢角片。

钢角片传递槽钢横梁反力，由螺栓承担槽钢横梁传递来的剪力。

角片连接螺栓为M12，承担槽钢横梁的反力产生的剪力和偏心弯矩产生的拉力。

则连接螺栓承担拉力为：$F_{1s8}=R_y\times 27/21=1.512\times 27/21=1.944\text{kN}$

则连接螺栓承担剪力为：$V_{1s8}=R_y=1.512\text{kN}$

计算按照5.6级M12连接螺栓。

M12连接螺栓有效面积：$A_s=84.27\text{mm}^2$

5.6级螺栓抗拉强度：$f_t=210\text{MPa}$

5.6级螺栓抗剪强度：$f_v=190\text{MPa}$

M12螺栓拉力设计值为：
$F_t=f_t\cdot A_s=210\times 84.27\times 10^{-3}=17.697\text{kN}$

M12螺栓剪力设计值为：
$V_t=f_v\cdot A_s=190\times 84.27\times 10^{-3}=16.011\text{kN}$

$F_{1s8}/F_t=1.944/17.697=0.11<1$

$V_{1s8}/V_t=1.512/16.011=0.09<1$

$(F_{1s8}/F_t)^2+(V_{1s8}/V_t)^2<1$ 安全！

槽钢连接件安全！

11 管夹

管夹承担两种荷载工况，一种为承担水平地震力，另一种为承担竖向地震力。管道固定组件为3.5mm厚，宽30mm的Q235钢板。

工况一：

单根管道水平地震力为：$F_{dzd}=F_{dz}/2=5432/3=2716$ N

水平力转换为管夹根部最大拉压应力为：

$\sigma_{gd1}=F_{dzd}\times 50/(100\times 30\times 3.5)$
$=2716\times 50/(100\times 30\times 3.5)$
$=12.93$ MPa <215MPa 安全！

管夹根部最大剪应力为：

$\tau_{gd1}=F_{dzd}/(2\times 30\times 4)$
$=2716/(2\times 30\times 4)$
$=11.32\text{MPa}<125\text{MPa}$ 安全！

管夹在工况一条件下安全！

工况二：

单根管道竖向地震力为：

$F_{dzds}=F_{dz}\times 0.65/2=5432\times 0.65/2=1765.4$ N

管夹根部最大拉应力为：

$\sigma_{gd2}=F_{dzds}/(30\times 4\times 2)=1765.4/(30\times 4\times 2)$
$=7.356$ MPa<215MPa 安全！

管夹在工况二条件下安全！

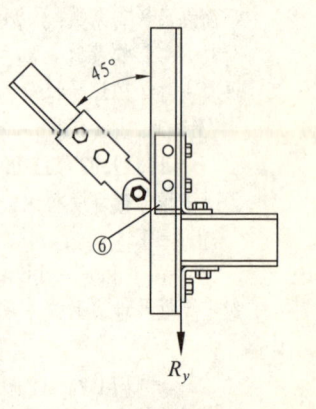

选型算例

相关技术资料

装配式管道吊挂支架安装图相关技术资料

1 产品简介

江苏奇佩装配科技有限公司成立于2005年，公司总部位于江苏扬中。江苏奇佩装配式支吊架主要是由型钢系列、托臂系列、连接件系列、底座系列、管束系列以及紧固件系列构成；型钢系列包含单面C型钢、冲孔C型钢、双拼C型钢；托臂系列包含墙体托臂、型钢托臂；连接件系列包含平面连接件、垂直连接件、多维连接件、斜拉件；底座系列包含型钢底座、丝杆底座；管束系列包含多种不同类型的管夹抱箍；紧固件系列由各类标准紧固配件组成；适用于钢结构、混凝土、网架等各种建筑结构形式下的室内管线支撑。

适用支架形式（见下表）

	支吊架形式	适用管道专业
装配式支吊架系统	承重支吊架	给排水专业、消防专业、电气专业、暖通专业、动力专业
	抗震支吊架	
	弹簧支吊架	振动管道、热变形管道
	限位支吊架	热变形管道
	承压支吊架	有压管道

2 产品特性

2.1 经济性

装配式支吊架严格控制材料用量，相较于传统支吊架钢材使用量降低30%，材料利用率上升10%，表面镀锌处理可节约维护成本50%。

装配式支吊架材料采用Q235B、Q345B、耐候钢以及SCS490锌铝镁镀层板，不仅适用于一般气候环境，还针对高盐、高湿等恶劣环境定制防腐方案。

2.2 便捷性

所有支架部件均在工厂预制，现场装配，标高、位置可调节，后期可直接扩展管线，无需预埋、直接安装锚固，标准化产品、组件到现场直接组装，安装效率提高30%，符合绿色制造、绿色产品、绿色施工的要求。

2.3 安全环保

装配式支吊架相比于传统支吊架有效消除了现场施工中的火灾安全隐患，降低声、光、尘、味多元污染排放。

3 装配式支吊架系统

装配式支吊架系统由奇佩自主研发生产的轻型组合式支吊架系列产品构成，产品系列化齐全、覆盖范围广，管道适用范围在DN15～DN1200之间，产品拥有完全的自主知识产权，其工程应用经由BIM设计与严谨的力学性能计算，可安全适用于各类建筑水、电、风中的单专业和综合管线系统。

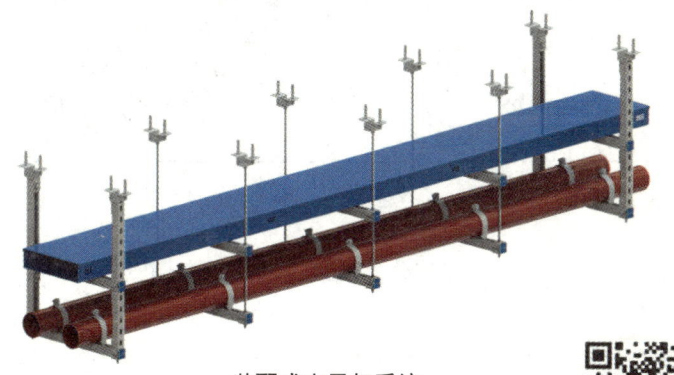

装配式支吊架系统

注：本页根据江苏奇佩装配科技有限公司提供的技术资料编制。

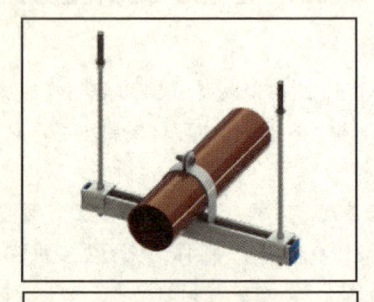

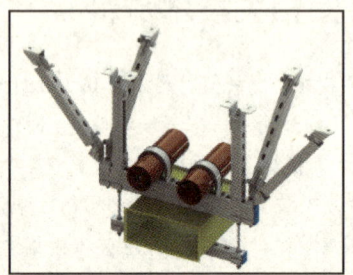

相关技术资料

支架形式示意图

4 装配式支吊架产品在高端公共建筑中的应用案例

江苏奇佩研发、生产的装配式支吊架系统已在沈阳宝马车间、上海中心大厦、上海浦东国际机场、天津117大厦等高层建筑及城市综合体、高端制造工厂、交通机场中得到应用。

沈阳宝马车间

上海中心大厦

上海浦东国际机场

天津117大厦

注：本页根据江苏奇佩装配科技有限公司提供的技术资料编制。

相关技术资料

浙江旗鱼（Arrowfish）相关技术资料

1 公司简介

旗鱼公司是一家专业从事建筑物"装配式建筑技术"研发、制造和销售的高新技术企业。

2004年引进德国前沿技术，并在此技术上不断突破创新。率先在国内提出背栓的分类，创立了"旋进式背栓挂装体系"的核心价值，确立了旗鱼旋进式背栓中国领导品牌的地位。系统先后通过了国家级抗震试验和美国ICC-ES国际建筑技术认证。2014年公司在建筑幕墙系统连接技术的基础上，推出了"装配式综合支吊架系统"新颖理念，拥有专业的BIM技术团队。目前旗鱼系列产品主要围绕着设计标准化、加工工厂化、施工装配化、运维一体化的发展方向，致力于打造成一家集产品销售、装配式基地、建筑机电集成平台为一体的集团化企业。

装配式综合支吊架系统主要应用于工业与民用建筑、城市轨道交通、市政地下管廊、绿色新能源等领域，客户遍布亚洲、欧洲、美洲、中东等十多个国家和地区。

2 BIM技术应用

旗鱼是率先在装配式综合支吊架行业组建BIM设计团队的公司，通过对设计的理解，结合数十年的产品研发经验，为项目提供可靠的技术咨询服务。目前BIM设计能力在业内处于领先地位，获得众多客户的信赖。

2.1 旗鱼装配式综合支吊架系统设计软件

系统参数基于现行国家标准《建筑抗震设计规范》GB 50011-2010（2016年版）、《建筑机电工程抗震设计规范》GB 50981-2014及各专业机电管线的相关标准等。

2.2 技术服务流程

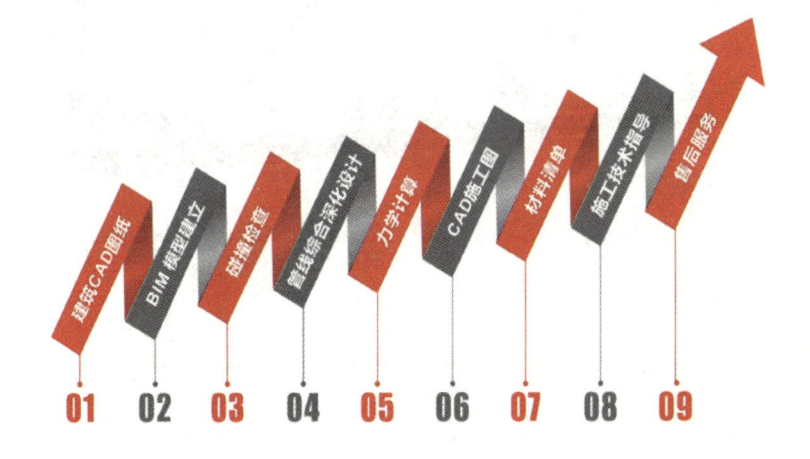

注：本页根据浙江旗鱼建筑科技有限公司提供的技术资料编制。

相关技术资料

3 旗鱼装配式支吊架产品简介

3.1 系统包含型钢、底座、锚栓、连接件、管束等，便于安装、调节和扩容需求。

3.2 具备支吊架抗震测试，防腐性能测试，组件荷载性能测试，耐火性能测试等国家级检测报告。

3.3 扩底锚栓采用8.8级碳素钢，配备专用钻头，有效释放因扩张对混凝土产生的膨胀应力，受外部荷载时不产生滑移。

3.4 型钢采用Q235或以上标准型材，内缘须有齿牙，且深度不小于0.9mm；有轴向加劲肋，保证型钢与连接件之间依靠精确的机械咬合连接，满足抗滑移性能要求。

3.5 旗鱼公司可提供BIM三维视频、支吊架平面及节点详图、支吊架荷载计算书、支吊架安装技术手册等完整资料。

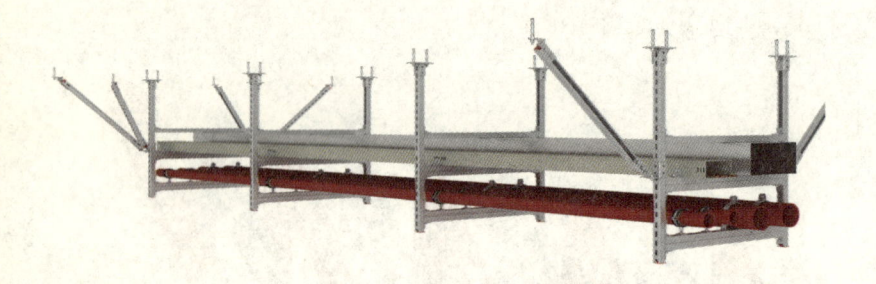

4 工程应用

- 港珠澳大桥
- 南宁富雅国际金融中心
- 广西交投大厦
- 台州科技城(浙大研究院)

注：本页根据浙江旗鱼建筑科技有限公司提供的技术资料编制。

相关技术资料

喜利得支吊架系统

HILTI

喜利得公司1941年成立于列支敦士登公国。销售网络遍布全球五大洲120多个国家。全球拥有超过21,000名员工，来自超过50个不同国家的员工在列支敦士登的沙安总部工作。

喜利得安装系统自诞生以来以其灵活多变的组合，快速简便的安装在欧美已有几十年的应用，在中国也有近二十年的工程应用经验。基于喜利得安装系统卓越的性能，在国内一些重大、重点工程项目中得到了广泛的应用。

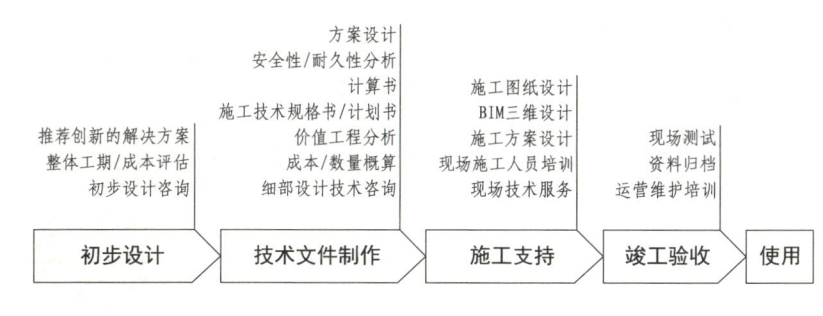

初步设计	技术文件制作	施工支持	竣工验收	使用
推荐创新的解决方案 整体工期/成本评估 初步设计咨询	方案设计 安全性/耐久性分析 计算书 施工技术规格书/计划书 价值工程分析 成本/数量概算 细部设计技术咨询	施工图纸设计 BIM三维设计 施工方案设计 现场施工人员培训 现场技术服务	现场测试 资料归档 运营维护培训	

单根管道抗震支吊架

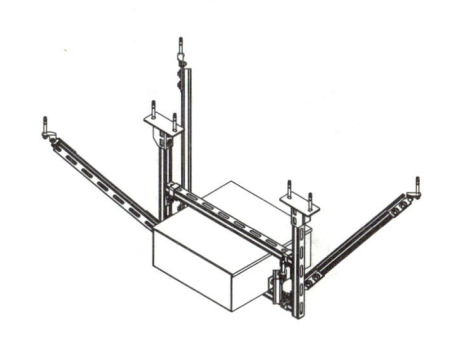

风管抗震支吊架

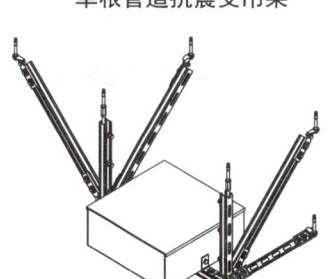

电气桥架抗震支吊架

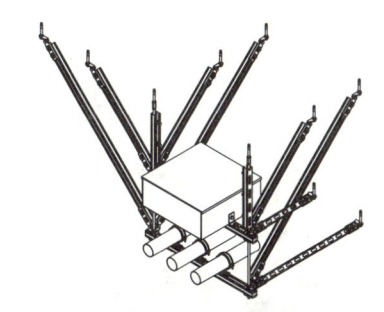

综合抗震支吊架

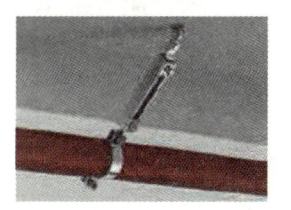

FM认证管道侧向抗震支架

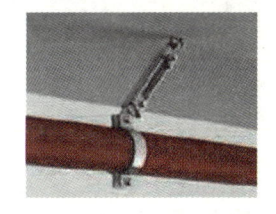

FM认证管道纵向抗震支架

注：本页根据喜利得（中国）商贸有限公司提供的相关技术资料编制。

相关技术资料

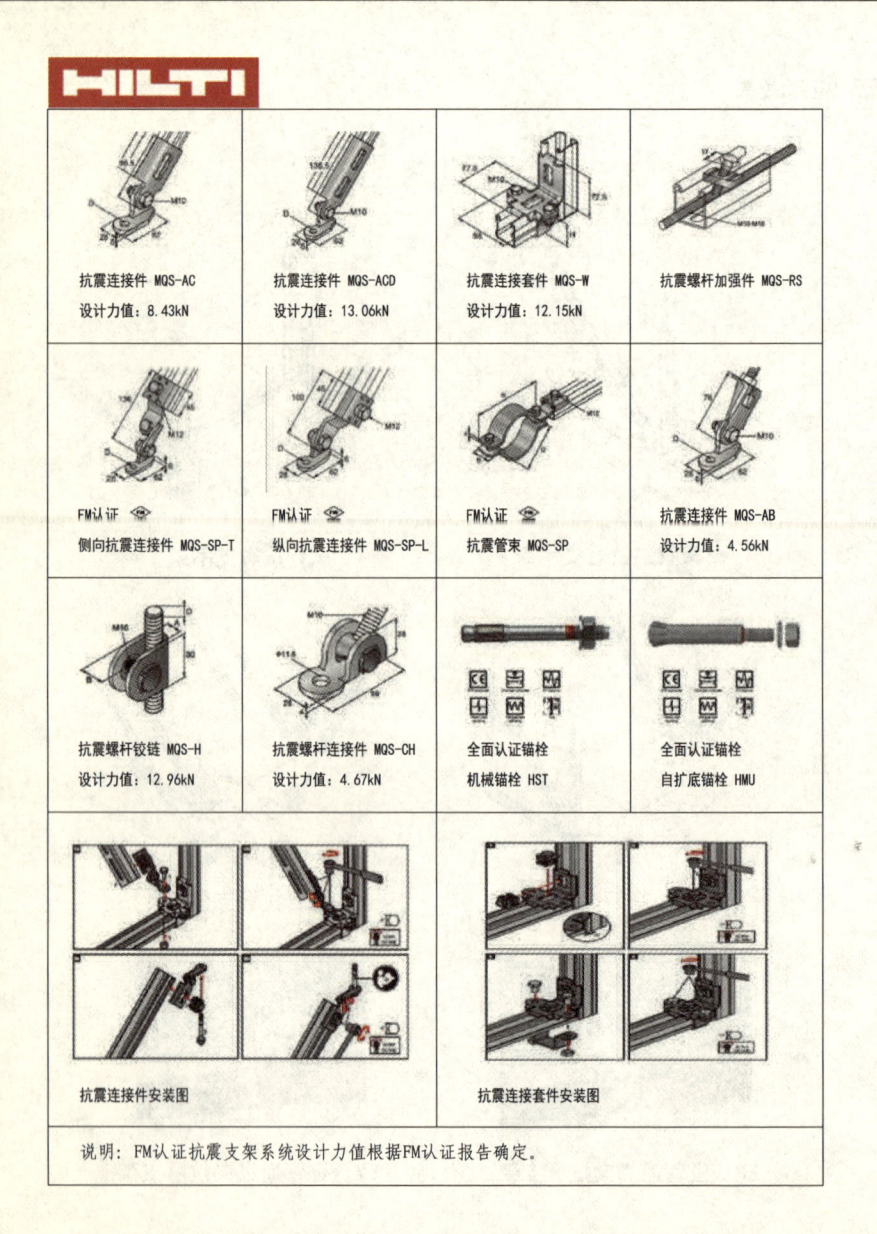

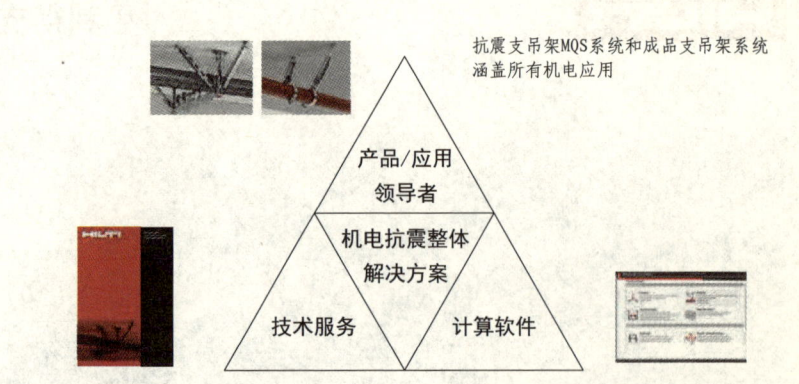

HILTI

抗震连接件 MQS-AC
设计力值：8.43kN

抗震连接件 MQS-ACD
设计力值：13.06kN

抗震连接套件 MQS-W
设计力值：12.15kN

抗震螺杆加强件 MQS-RS

FM认证
侧向抗震连接件 MQS-SP-T

FM认证
纵向抗震连接件 MQS-SP-L

FM认证
抗震管束 MQS-SP

抗震连接件 MQS-AB
设计力值：4.56kN

抗震螺杆铰链 MQS-H
设计力值：12.96kN

抗震螺杆连接件 MQS-CH
设计力值：4.67kN

全面认证锚栓
机械锚栓 HST

全面认证锚栓
自扩底锚栓 HMU

抗震连接件安装图

抗震连接套件安装图

说明：FM认证抗震支架系统设计力值根据FM认证报告确定。

抗震支吊架MQS系统和成品支吊架系统涵盖所有机电应用

产品/应用领导者
机电抗震整体解决方案
技术服务 — 计算软件

抗震支吊架技术手册、成品支吊架技术手册供设计师和施工人员使用。

抗震支吊架、成品支吊架设计软件，进行受力计算，生成施工图和材料表。

喜利得抗震支吊架系统、成品支吊架系统认证

序号	认证内容	认证机构	序号	认证内容	认证机构
1	喷淋管道抗震支架系统认证	FM	11	德国认可委员会隔音测试认证	DAR
2	德国产品质量保证认证	RAL	12	振动疲劳测试认证	
3	抗冲击测试认证	瑞士人防	13	建筑机电设备抗震支吊架通用技术条件	CTC
4	美国保险商试验所认证	UL	14	抗震支吊架系统测试（国内）	
5	德国保险协会认证	Vds	15	力学性能测试（国内）	CSTC
6	德国劳氏船级社认证	GL	16	防腐盐雾测试（国内）	GBTC
7	德国布伦瑞克防火认证	iBMB	17	300万次疲劳测试（国内）	CTC
8	德国莱茵认证	TUV	18	抗拉、抗剪测试（国内）	CTC
9	德国产品型式检验认证	LGA	19	3小时耐火测试	CTC
10	德国电位均衡测试认证	VDE	20	锌层厚度、抗弯、隔音等测试	

注：认证报告请联系喜利得公司工程师（截止2017年1月有效期内认证报告211套）。

微信扫一扫

注：本页根据喜利得（中国）商贸有限公司提供的相关技术资料编制。

法施达产品相关技术资料

锚固产品生产厂——天津

轧制生产基地——包头

支吊架应用——地铁

支吊架应用——地下管廊

支吊架应用——民建

注：本页根据法施达股份有限公司提供的技术资料编制。

相关技术资料

1 后锚固锚栓

1.1 扩底锚栓、化学锚栓;
1.2 开裂混凝土认证;
1.3 薄型基材认证,浅埋深认证;
1.4 满足抗震、耐火、疲劳、抗冲击要求;
1.5 对于腐蚀性环境,实现了锚固的全寿命周期。

2 综合抗震装配式支吊架

2.1 Q235B优质碳素钢、不锈钢;
2.2 针对不同荷载,多种槽钢截面形式可选择;
2.3 热浸镀锌工艺,锌层厚度70μm以上;
2.4 C型槽钢作为支吊架的基础受力构件,可以和各种零部件灵活配置,形成完整的结构支撑体系;
2.5 方便各种管道、电缆桥架和设备的安装、维护和扩容;
2.6 整体结构通过地震荷载检验、耐火测试、疲劳测试;
2.7 后期维护简单方便,无需现场焊接、切割。

更多信息请关注法施达集团二维码

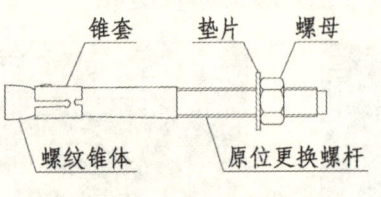

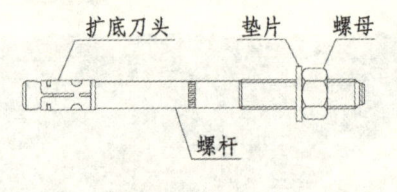

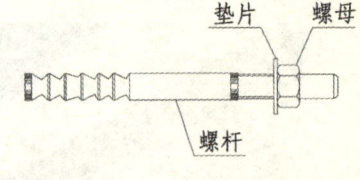

原位更换型胶粘-模扩底锚栓

模扩底锚栓

特殊倒锥形胶粘型锚栓

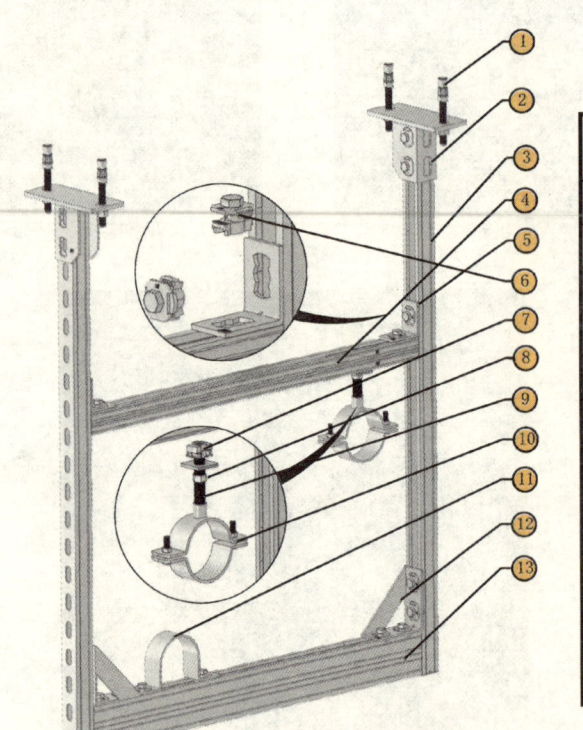

序号	名称	规格
1	模扩底锚栓	HFBZ
2	21双拼底座	FDD-21
3	41单拼槽钢	FCK-41
4	21双拼槽钢	FCS-41
5	2孔直角连接件	FLB-2L
6-7	按钮式锁扣	FUA
8	六角螺母	FUM-M12
9	全牙丝杆	FUQ-M12
10	圆形管束	FPY-DN80
11	分片式管卡	FPP-DN100
12	4孔直角加强连接件	FLB-4S
13	41双拼槽钢	FCS-82

法施达综合支吊架FSC及BIM+技术

注:本页根据法施达股份有限公司提供的技术资料编制。

慧鱼支吊架系统设计分析软件 SDS3.0 相关技术资料

1 产品简介

《慧鱼支吊架系统设计分软件 SDS V3.0》，是一款专业的支吊架产品设计软件，可一站式完成整个支吊架系统的设计过程，其功能包括：

（1）软件建模：对于整个项目支吊架系统，可选取代表支吊架建立二维模型，进行分析验算；也可建立整个系统的三维模型、整体分析验算。

（2）结构分析：采用有限元法，结果更加精确可靠可查看杆件内部状态。

（3）构件验算：在结构分析完成后，可分别按照现行国家标准《钢结构设计规范》GB 50017、《冷弯薄壁型钢结构技术规范》GB 50018 验算杆件及连接件的强度及刚度。对于抗震支吊架的设计，根据国家标准《建筑机电工程抗震设计规范》GB 50981 中要求的验算内容由软件自动完成。

（4）输出计算书：计算书包括结构荷载与约束、杆件内力、杆件强度及刚度验算、连接件强度验算等。

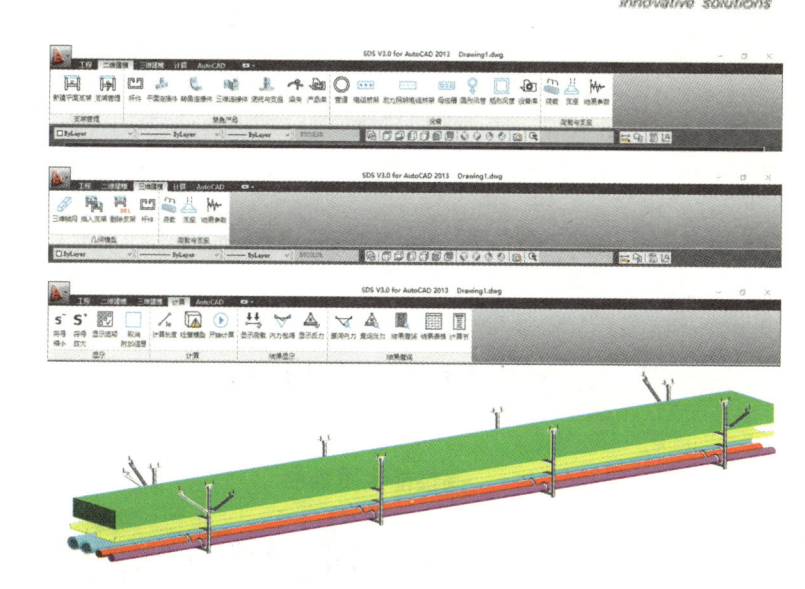

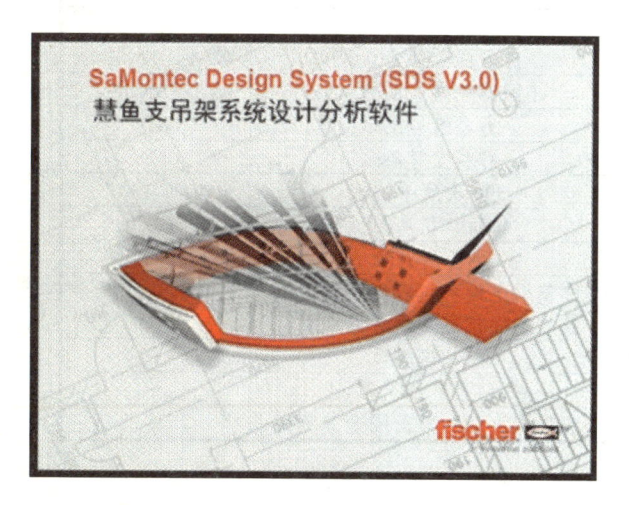

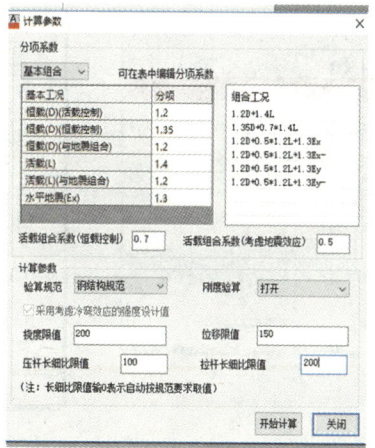

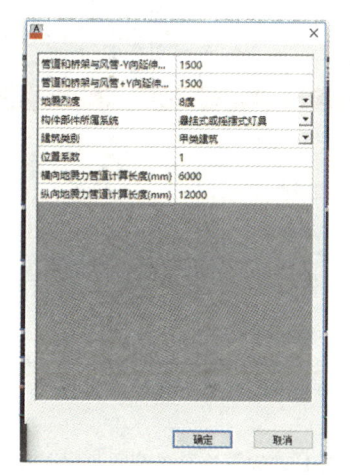

注：本页根据慧鱼（太仓）建筑锚栓有限公司提供的技术资料编制。

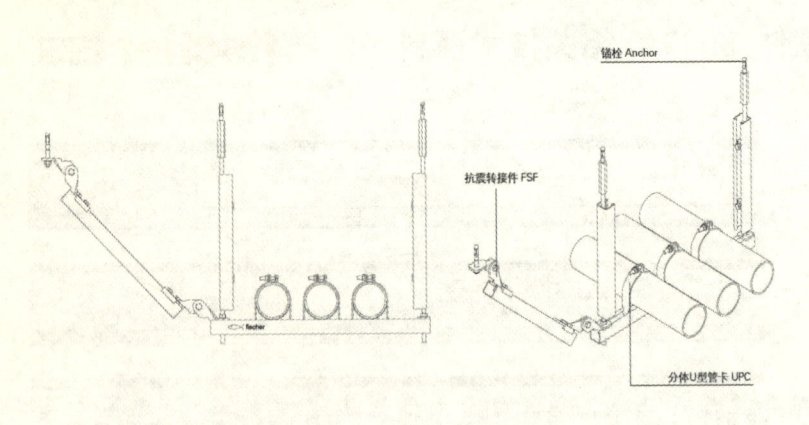

相关技术资料

多管侧向抗震支架

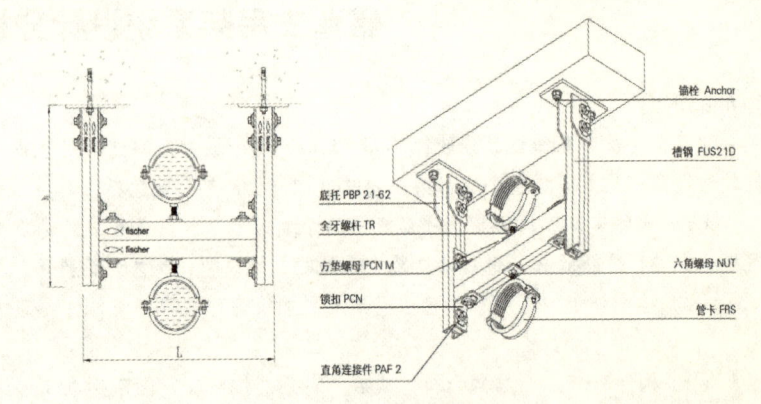

双管 H 型吊架图

高性能金属锚栓

规格	产品	产品图	电镀锌	热镀锌	A4不锈钢	C1.A52强高耐腐	锚固规格	安装规格	锚栓基材 混凝土	锚栓基材 砌体	认证 ETA	认证 ICC	抗震等级	应用范围
后膨胀螺杆锚栓FAZ II			✓	✓	✓	✓	b)	1) 2) 3)	✓		■	▲	C2	钢结构,幕墙,电缆桥架,悬臂
模扩底锚栓FZA			✓	✓			a)	1) 2)	✓		■		C1	电缆桥架,管道支架,钢结构,设备
慧鱼自切底锚栓FZA-Q			✓				a)	1)	✓		■		C2	电缆桥架,管道支架,钢结构,设备
模扩底敲击式锚栓FZEA II			✓	✓			a)	1)	✓		■		-	钢结构,栏杆,电缆支架,喷淋系统
敲击式锚栓EA II			✓					1) 3) 4)	✓		■		-	喷淋系统

1) 预插式安装　2) 穿透式安装　3) 间距式安装　4) 多点锚固
a) 机械锁定　b) 摩擦力

抗震支吊架系统、成品支吊架系统认证

序号	认证内容	认证\测试机构
1	喷淋管道抗震支架系统认证	FM
2	美国保险商试验所认证	UL
3	德国保险协会认证	Vds
4	德国布伦瑞克防火认证	Ibmb
5	力学性能测试	CSTC
6	防腐盐雾测试	CBTC
7	300次疲劳测试	CTC
8	抗拉、抗剪测试	CTC
9	3小时耐火测试	CTC
10	建筑机电设备抗震支吊架通用技术条件抗震支吊架系统测试	CTC
11	抗冲击测试	-
12	振动疲劳测试认证	-
13	锌层厚度、抗弯、隔音等测试	-

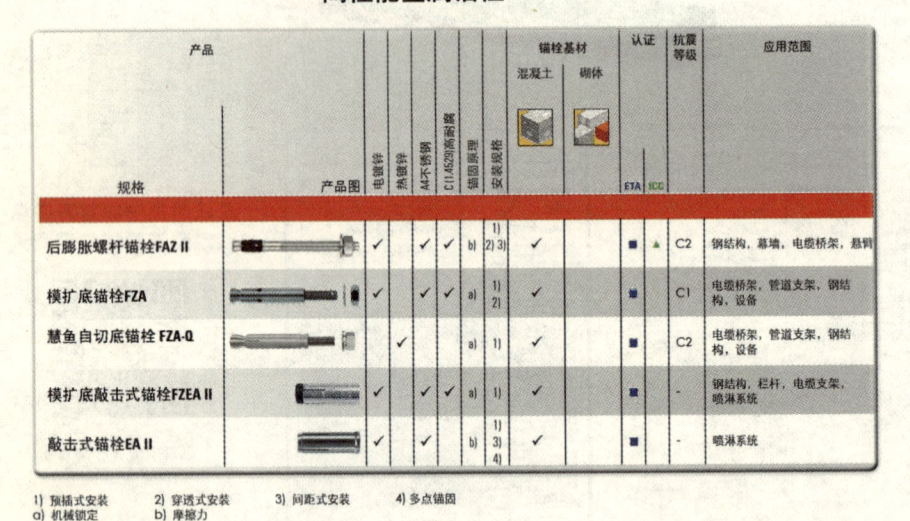

注：本页根据慧鱼（太仓）建筑锚栓有限公司提供的技术资料编制。

坚朗装配式管道吊挂支架相关技术资料

1 产品简介

广东坚朗五金制品股份有限公司装配式管道吊挂支架系统，由锚栓、槽钢、连接件、紧固件、加固吊杆、锁扣抗震斜撑等部分组成，安装调节方便、灵活，现场无须焊接。槽钢带有齿牙结构，支吊架系统具有稳定的承载性能和较高抗冲击性能。装配式支吊架满足120min耐火和200万次疲劳等相关性能测试。

2 支架节点样式

2.1 单水管抗震支吊架

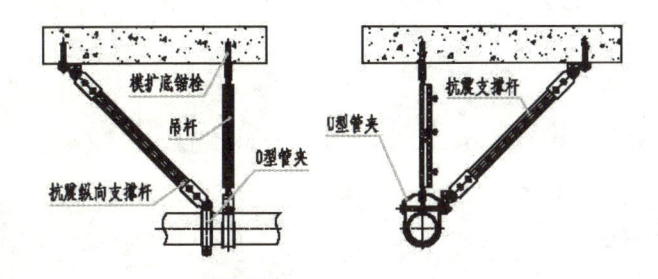

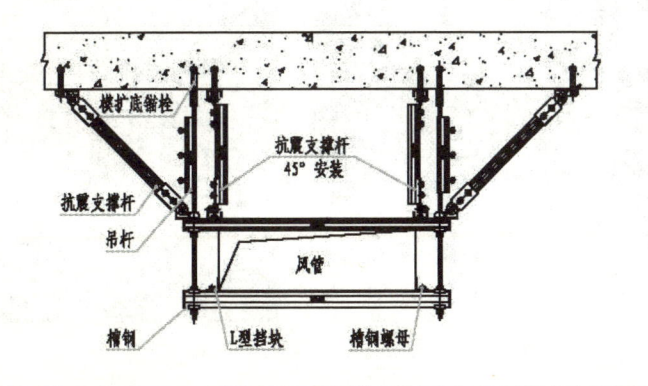

2.2 单风管抗震支吊架

2.3 单桥架抗震支吊架

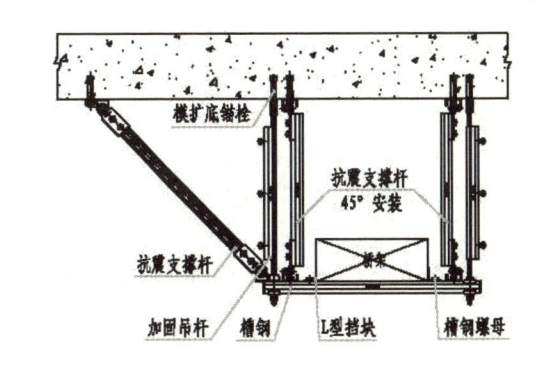

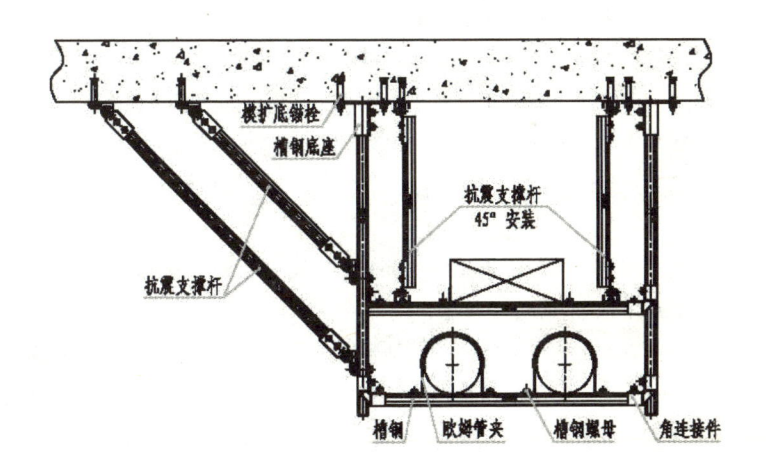

2.4 综合抗震支吊架

注：本页根据广东坚朗五金制品股份有限公司提供的技术资料编制。

3 支吊架产品主要技术要求

3.1 支架系统采用工厂预制，现场装配式安装。

3.2 支吊架主要配件表面进行不低于热浸镀锌的表面处理，且主要构件镀锌层平均厚度不低于70um。

3.3 管夹内配橡胶内衬垫材料，以达到减少振动、降低噪声的效果。

3.4 单根冷弯槽钢截面尺寸有 41mm×1mm、41mm×41mm、41mm×52mm、41mm×63mm、41mm×72mm 等，根据受力需要，可将钢槽焊接双拼；钢槽长度为 3,000mm 或 6,000mm 的标准型材，便于以后管道安装、维护和扩展使用；为保证抗震支吊架的纵向刚度及减少变形，确保在各专业安装及运营期间抗震支吊架的安全稳定，抗震支吊架斜撑及吊杆的槽钢截面不应小于 41mm×41mm。斜撑杆长细比不大于200。

3.5 槽钢卷边内缘带有深度不小于1.1mm的连续齿牙，同时与之配合的连接螺栓也应带有相同深度的齿坑，以保证部件之间依靠精确的机械咬合实现安全的抗剪、抗滑移性能，且整个系统严禁任何以配件的摩擦作用来承担受力的安装方式，以保证整个系统的可靠连接。

3.6 抗震支架系统具备抗冲击性能和耐火性能，确保特殊荷载和发生火灾情况下的安全保证，并提供国家级第三方检测机构出具的整套支架系统不少于120min的耐火测试报告和200万次的疲劳试验报告。

3.7 紧固件采用M12系列，强度等级8.8级，以充分保证支架连接的刚度和安全性。

3.8 抗震连接件厚度不小于5mm，表面进行不低于热浸镀锌的表面处理，镀锌层平均厚度不低于70um。

3.9 为保障系统的安装和稳定，螺杆生根点使用具有机械锁键效应的模扩底锚栓。锚栓强度为8.8级。锚栓性能符合《混凝土用膨胀型、扩孔式建筑锚栓》的相关规定，并具有国内外权威检测机构出具检测报告。

4 工程应用

注：本页根据广东坚朗五金制品股份有限公司提供的技术资料编制。

相关技术资料

N·U 雅昌科技支架相关技术资料

1 产品简介

深圳雅昌科技有限公司成立于 2003 年，公司成立至今一直致力于机电抗震支吊架、成品支吊架、预埋槽道、不锈钢水管、燃气管道等建筑机电产品的经营、研发、生产和销售，先后被评为国家高新技术企业、国家突出贡献企业、深圳市高新技术企业、AAA+级中国质量信用企业、中国行业十大质量品牌企业等。自 2000 年起公司先后获得 12 项国家发明专利、30 项实用新型专利、主编和参编国家标准、行业标准共 23 项。在国内设有南北两大生产基地，南部生产基地设置在广东德庆占地面积 100 亩，北部生产基地设置在河南鹤壁占地面积 150 亩。

2 产品技术说明

2.1 单管侧向支架

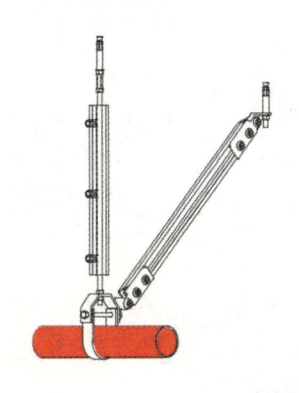

作用：雅昌单管侧向支架是根据地震荷载的特点情况设计的侧向支撑作用的支架。其主要目的是保护整个管路系统不会在地震作用下造成侧向的破坏。

组成：后扩底锚栓、丝杆、槽钢、抗震连接件以及管夹和加固扣件。

表面防腐处理：
① 热浸镀锌，锌层厚度 ≥ 65μm
② 电镀锌，锌层厚度 ≥ 25μm

2.2 单管四向抗震支架

作用：雅昌单管四向支架是根据地震荷载的特点情况设计的抗震支架形式。其主要目的是保护整个管路系统能抵抗任意方向的地震荷载不会在地震作用下造成破坏。

组成：后扩底锚栓、丝杆、槽钢、抗震连接件以及管夹和加固扣件。

表面防腐处理：
① 热浸镀锌，锌层厚度 ≥ 65μm
② 电镀锌，锌层厚度 ≥ 25μm

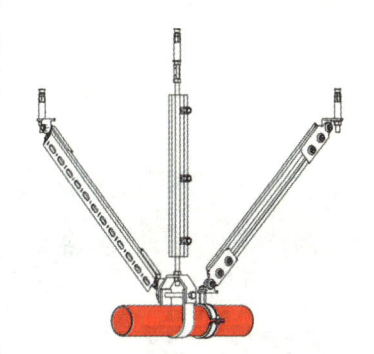

2.3 风管桥架抗震支架

作用：雅昌单管四向支架是根据地震荷载的特点情况设计的抗震支架形式。其主要目的是保护整个管路系统能抵抗任意方向的地震荷载不会在地震作用下造成破坏。

组成：后扩底锚栓、丝杆、槽钢、抗震连接件以及管夹和加固扣件。

表面防腐处理：
① 热浸镀锌，锌层厚度 ≥ 65μm
② 电镀锌，锌层厚度 ≥ 25μm

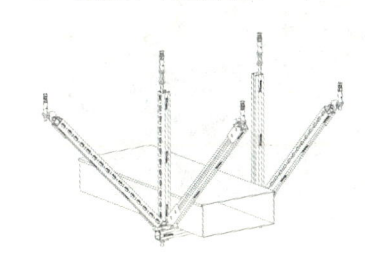

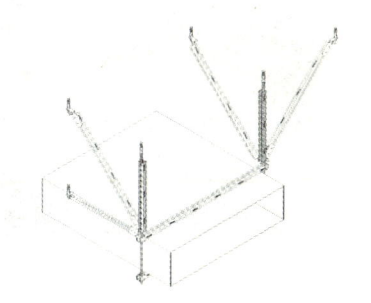

注：本页根据深圳雅昌科技有限公司提供的技术资料编制。

3 雅昌抗震支架性能特点

3.1 超强的耐腐蚀性能，在600h中性盐雾测试情况下出现红锈；

3.2 整体抗冲击、抗震动性能强；

3.3 具有国内国际权威机构认证和齐全的性能检测报告；

3.4 整套包装，便于产品成品保护和现场安装组织和管理；

3.5 强大的技术和研发团队，可提供高效的技术服务和最优的产品；

3.6 自主开发的设计软件，可提供高效准确的抗震支架深化设计；

4 工程应用

深圳平安金融中心

深圳汇德大厦

渝万铁路垫江站

深圳地铁

广州地铁

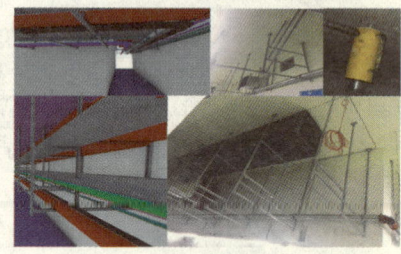

北京地铁

建安文化广场

贵阳北动车所

鄂州市民中心

宁波鄞州区文化艺术中心

注：本页根据深圳雅昌科技有限公司提供的技术资料编制。

辽宁固多金金属制造有限公司产品相关资料

1. 产品简介

辽宁固多金金属制造有限公司是集产品研发、生产、营销、设计及安装于一体的新型建材公司，专业生产成品支吊架装配式管道吊挂类系列产品、成品支吊架装配式抗震支吊架类系列产品、管廊内预埋槽道类系列产品、电缆桥架类系列产品，并提供综合管线排布设计和BIM-MCCAD的图纸设计等及安装。

2. 适用范围

机场、地铁、汽车、石化、电子、医药、水利、烟草、地下管廊、光伏支架、建筑机电管道抗震支架等行业。

3. 性能特点

成品支吊架装配式管道吊挂类系列产品、成品抗震支吊架类系列产品、预埋槽道类系列产品、电缆桥架类系列产品等，是辽宁固多金金属制造有限公司专门针对暖通、水、电、动力、通风、管廊建设等管道设备固定及安装而设计开发的产品。有多名多年从事各类快装式管道和电器用品研发工作的专业技术人才，创造性的消化和吸收了国内外的先进技术，为用户研制开发并提供安装方便、外型美观、节约环保的优质产品。

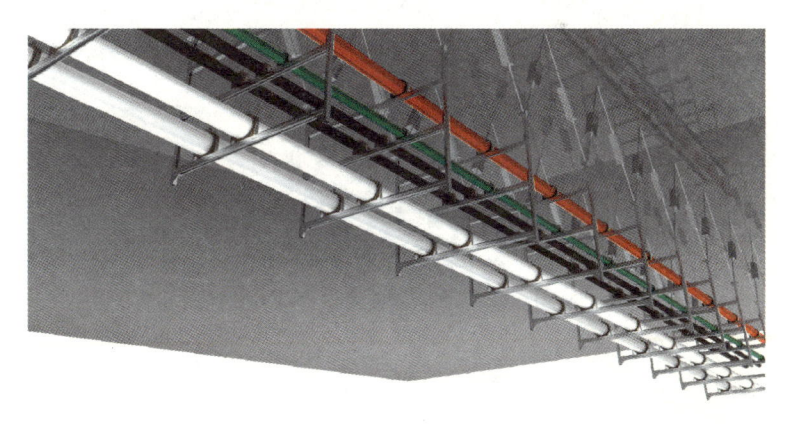

注：本页根据辽宁固多金金属制造有限公司提供的技术资料编制。

4. MagiCAD 案例效果图

我公司软件可实现机电专业深化设计；能够实现机电模型参数校核及系统优化。软件可支持双平台，适用于 AutoCAD 平台，也支持 Autodesk Revit 平台；可以进行二三维管道成品支吊架装配式联动深化设计；能设计生产满足客户的定制品真实产品库，尺寸、参数详尽；能够进行专业化管道水力计算；可以进行多专业管道模型碰撞检测；有便捷的预留出成品装配式支吊架的设计安装空间，实现成品装配式支吊架与建筑专业和机电专业配合；可以结合模型出三维剖面详图方便施工；可以自动创建准确的材料清单有利于改进成本控制、制定安装计划；可以实现管道成品装配式支吊架的布置，方便施工现场定位分布；能够提供成品装配式支吊架荷载校核计算书；能够导出包含专业信息的 BIM 模型文件用于招投标阶段的安装算量软件，配合投标；实现一次建模多次利用；能够导出包含专业信息的 IFC 文件，用于和 BIM 模型平台其他专业模型的集成应用，实现一次建模多次利用。

更多信息请关注固多金金属制造有限公司的二维码

注：本页根据辽宁固多金金属制造有限公司提供的技术资料编制。

泰德装配式管道支架相关技术资料

1 公司简介

泰德集团由泰德阳光（北京）建筑科技有限公司、泰德阳光（武汉）建筑科技有限公司、泰德阳光（青岛）建筑科技有限公司、泰德阳光（长春）建筑科技有限公司、上海华恒新能源科技有限公司、泰德阳光（浙江）能源科技有限公司在2014年组建完成。泰德集团是国内领先的工程产品及技术服务提供商，主要产品包括机电抗震支架系统、装配式管道支吊架系统、预埋槽道系统、锚栓锚固系统以及电动工具产品系列。

公司已通过 SO 9001:2008 质量体系认证、美国 FM 认证(FM Approvals)，保证了公司产品的品质如一。公司拥有独立进出口权，产品远销至美国、日本、澳洲、东南亚等国家。

2 产品技术说明

2.1 泰德装配式管道支架系列

① 泰德装配式管道支架系统由全系列标准型材和标准化零配件组成，各部分形成模块化的设计，连接可靠、迅速、简单，并可根据现场工况进行灵活调节高度长度，满足各种施工现场的安装要求，现场无需刷漆及焊接，可以使用电动工具进行工业化安装。

② 泰德使用专业的设计软件设计，将产品设计专业化标准化，使设计更安全可靠。

2.2 泰德抗震支架系列

① 泰德抗震支架系统已通过国家相关认证，采用热镀锌或更先进防腐工艺，产品工厂标准化，可按照装配式进行模块化组装，现场仅需切割型材，可以使用电动工具进行工业化安装。

② 泰德使用公司自有研发的专业抗震支架设计软件，将产品设计专业化标准化，根据地震情况加强整体管线抗震强度，加强抗震节点设计，保证有效的整体管线抗震性能。

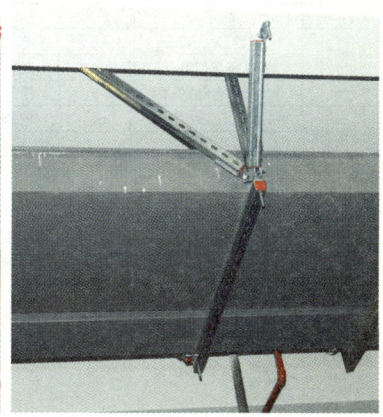

注：本页根据泰德阳光（北京）建筑科技有限公司提供的技术资料编制。

相关技术资料

3. 泰德管道支架系统设计范例

3.1 泰德装配式管道支架产品系列

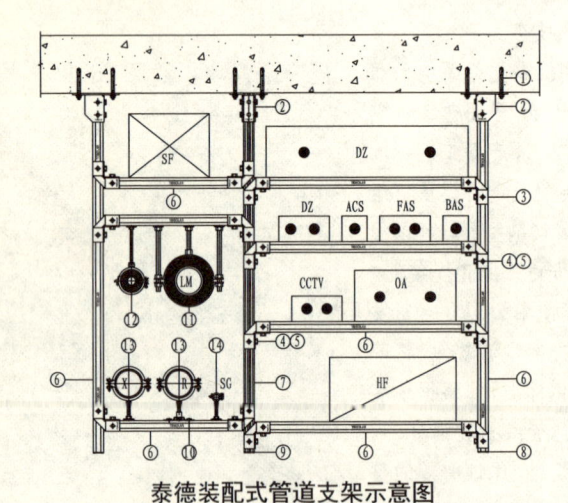

泰德装配式管道支架示意图

泰德装配式管道支架材料表

序号	品名	序号	品名	序号	品名
1	锚栓TSA-M12	6	单面槽钢TC-41	11	保温管束
2	槽钢底座TCB-72	7	双拼槽钢TC-21D	12	保温管束TP-RG44
3	直角连接件TC-L4	8	槽钢端盖TCE-41	13	重型管束TP-HD
4	塑翼螺母TWN-M12	9	槽钢端盖TCE-21	14	标准管束TP-SD 3/4"
5	六角螺栓THB-M12	10	滑动支座TCS-M10/12		

3.2 泰德机电抗震支架产品系列

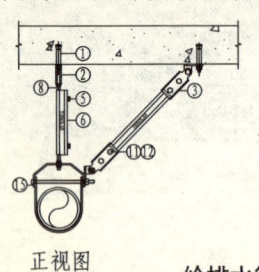

给排水管道抗震支架（正视图、侧视图）

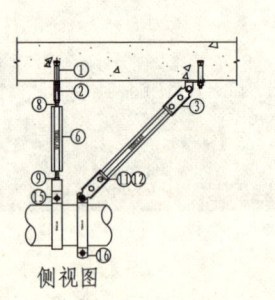

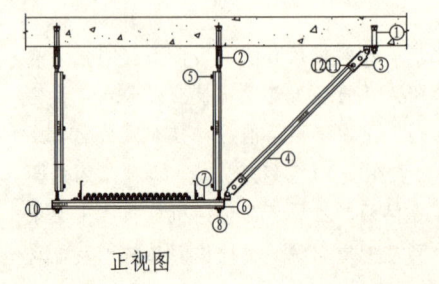

电气桥架抗震支架（正视图、侧视图）

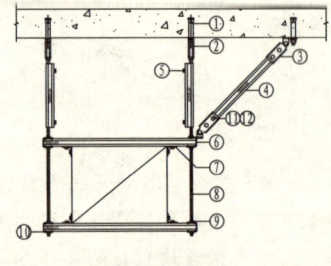

通风管道抗震支架（正视图、侧视图）

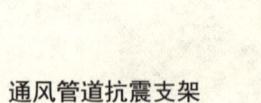

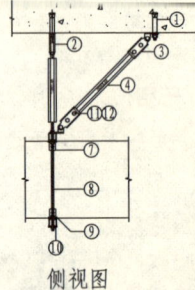

泰德抗震支架材料表

序号	品名	序号	品名	序号	品名
1	扩底锚栓 M12	7	直角连接件TC-L2	13	钢结构夹具TBC
2	螺杆接头THC-M12	8	全牙螺杆TTR-M12-3m	14	管束扣垫TPS-M12
3	抗震连接件TSD-B3	9	凸缘螺母THN-M12	15	侧向抗震管束
4	抗震槽钢 TC	10	槽钢扣板 TCP-12	16	纵向抗震管束
5	抗震加强件TSD-M12	11	六角螺栓THB-M12×30		
6	槽钢端盖TCE-41	12	槽钢锁扣TWN-M12		

注：本页根据泰德阳光（北京）建筑科技有限公司提供的技术资料编制。

安又特相关技术资料

1 产品简介

安又特（上海）建筑技术有限公司（AntInstall）是一家集成品支架、抗震支架、预埋槽、BIM咨询于一体的国内知名品牌。安又特的核心团队人员，有从事该行业20年之久的资深人员，多年该行业的运营，对产品的深刻了解，会把最好的产品分享给每一个客户。安又特严格的质量管理体系运行符合ISO 9001:2008国家标准质量管理和质量保证的要求，环境管理体系运行符合ISO 14001:2004国家标准环境管理和环境保证的要求。同时，安又特可以提供出口的美标（ASTM）、日标（JIS）、德标（DIN）的各项原材料的特殊要求及技术设计，目前已经出口美国、中东、东南亚等地。

2 产品技术说明

2.1 水管抗震支架

① DN65以上的生活给水、消防管道系统需设置抗震支架。

② 水管抗震支架分侧向抗震支架和纵向抗震支架。在新建工程刚性连接金属管道中，抗震支架的最大间距为：侧向12.0m，纵向24.0m。在新建工程柔性连接金属管道、非金属管道及复合管道中，抗震支架的最大间距为：侧向6.0m，纵向12.0m。

2.2 电气抗震支架

① 对于内径大于等于60mm的电气配管及重力大于等于150N/m的电缆桥架、电缆槽盒、母线槽需设置抗震支架。

② 电气抗震支架分侧向抗震支架和纵向抗震支架。在新建工程刚性材质电线套管、电缆梯架、电缆托盘和电缆槽盒中，抗震支架的最大间距为：侧向12.0m，纵向24.0m。在新建工程非金属材质电线套管、电缆梯架、电缆托盘和电缆槽盒中，抗震支架的最大间距为：侧向6.0m，纵向12.0m。

2.3 风管抗震支架

① 矩形截面面积大于等于$0.38m^2$和圆形直径大于等于0.7m的风管系统需设置抗震支架。

② 抗震支架分侧向抗震支架和纵向抗震支架。在新建工程普通刚性材质风管中，抗震支架的最大间距为：侧向9.0m，纵向18.0m。在新建工程普通非金属材质风管中，抗震支架的最大间距为：侧向4.5m，纵向9.0m。

注：本页根据安又特（上海）建筑技术有限公司提供的技术资料编制。

3 安叉特支架设计流程

3.1 分析图纸：整理、分析图纸，了解工程结构和工艺；

3.2 管线选取：分系统找出专业，依据规范选取成品或抗震需求的管线；

3.3 布置支架：确定间距，按规范设置各专业成品与抗震支架侧向、纵向和四向支架；

3.4 绘制详图：绘制节点图，支架构造要求，考虑结构连接；

3.5 荷载校核：计算支架承载力，地震水平力，校核系统及配件，编写支架力学计算书。

4 工程应用

注：本页根据安叉特（上海）建筑技术有限公司提供的技术资料编制。

参编企业、联系人及电话

| 江苏奇佩建筑装配科技有限公司 | 刘纪才 | 18905286333 |

浙江旗鱼建筑科技有限公司　　　　　　　　张陈泓　　13586253888

喜利得（中国）商贸有限公司　　　　　　　秦贵峰　　13901360774

法施达股份有限公司　　　　　　　　　　　刘平原　　13701172425

慧鱼（太仓）建筑锚栓有限公司　　　　　　刘　兵　　15800583657

广东坚朗五金制品股份有限公司　　　　　　沈文洲　　13922903792

深圳市雅昌科技股份有限公司　　　　　　　陈江华　　13917002915

辽宁固多金金属制造有限公司　　　　　　　邵景辉　　18904026333

泰德阳光（北京）能源科技有限公司　　　　贾军强　　010-85702688

安叉特（上海）建筑科技有限公司　　　　　朱光磊　　13621608910

国标电子书库

专业的工程建设技术资源数据库·助力企业信息化平台建设

中国建筑标准设计研究院权威出版

■ 国家建筑标准设计图集唯一正版资源　■ 权威行业专家团队技术服务保障　■ 住建部唯一授权国家建筑标准设计归口管理和组织编制单位

　　依托中国建筑标准设计研究院60年丰厚的技术及科研优势，整合行业资源，国标电子书库以电子化的形式，收录了全品类的国家建筑标准设计图集、全国民用建筑工程设计技术措施以及标准规范、技术文件、政策法规等工程建设行业所需技术资料；本着一切从用户需求出发的服务理念，打造以电子书资源服务为主、专家技术咨询、技术宣贯培训于一体的专业的工程建设技术资源数据库。

国标电子书库
扫描申请试用版

获取更多行业资讯请关注
国家建筑标准设计微信公众平台

服务热线：010-8842 6872

国家建筑标准设计网　www.chinabuilding.com.cn

iPhone版　　iPad版　　在线版/镜像版

声　明

　　中国建筑标准设计研究院作为国内唯一受住房和城乡建设部委托的国家建筑标准设计归口管理单位，依法享有国家建筑标准设计图集的著作权。

国标电子书库是国标图集的唯一电子化产品

　　标准院从未授权任何单位、个人印刷、复制的方式传播国家建筑标准设计图集，或以国家建筑标准设计为内容制成软件或电子文件进行发行（销售）、传播、商业使用。

　　特此声明！如有侵犯我院著作权行为，必追究其法律责任！

■ 内容全面，更新及时　　■ 准确可靠，专业保障　　■ 搜索便捷，舒心体验　　■ 资源整合，按需定制